AF384873

PARIS à LONDRES

Viâ ROUEN, DIEPPE, NEWHAVEN et *vice versâ*

PAR LA

Gare Saint-Lazare

4 Traversées par jour — 2 dans chaque sens

SERVICES RAPIDES DE JOUR ET DE NUIT

Tous les jours (dimanches et fêtes compris) et toute l'année

Trajet de jour en 9 heures (1re et 2e classes seulement)

GRANDE ÉCONOMIE

PRIX DES BILLETS

BILLETS SIMPLES valables pendant SEPT JOURS		BILLETS D'ALLER & RETOUR valables pendant UN MOIS	
1re classe.......	**43**fr.**25**	1re classe.......	**72**fr.**75**
2e classe......	**32** »	2e classe......	**52 75**
3e classe.......	**23 25**	3e classe.......	**41 50**

Service postal entre Paris, le Havre, Rouen, Dieppe et Londres

NOTA. — Les Billets simples et d'aller et retour sont valables pour tous les trains avec arrêt facultatif à ROUEN, DIEPPE, NEWHAVEN et BRIGHTON, sans supplément de prix.

Départs de **Paris** Saint-Lazare	. .	10 h. mat.	9 h. soir
Arrivées à **Londres** { London-Bridge	.	7 h. soir.	7 h. 40 mat.
Victoria.	. .	7 h. —	7 h. 50 —
Départs de **Londres** { London-Bridge	.	10 h. mat.	9 h. 55 soir
Victoria.	:	10 h. —	9 h. 45 —
Arrivées à **Paris** Saint-Lazare	. .	6 h. 55 soir	7 h. 45 mat.

NOTA. — Des voitures à couloir (W. C., Toilette, etc.) sont mises en service dans les trains de marée de jour entre **Paris** et **Dieppe**. — Les voyageurs de 1re classe peuvent y prendre place, moyennant un supplément de 1 fr. par personne.

CHEMINS DE FER DE PARIS A LYON
et à la Méditerranée

EXCURSIONS EN ALGÉRIE & EN TUNISIE

La Compagnie Paris-Lyon-Méditerranée offre aux personnes qui désirent se rendre en **Algérie** et en **Tunisie** diverses combinaisons de voyages circulaires à itinéraires fixes permettant de visiter les parties les plus intéressantes de ces deux régions.

La nomenclature complète de ces voyages avec prix et conditions figure dans le *Livret-Guide Paris-Lyon-Méditerranée* qui est mis en vente au prix de **40** centimes dans les principales gares de son réseau ou envoyé contre **0 fr. 75** en timbres-postes adressés au Service Central de l'Exploitation (Publicité), 20, boulevard Diderot, à Paris.

Stations Hivernales
NICE, CANNES, MENTON, ETC.

BILLETS D'ALLER ET RETOUR COLLECTIFS
Valables 30 jours

Il est délivré, du 15 Octobre au 30 Avril, dans toutes les gares du Réseau Paris-Lyon-Méditerranée, sous condition d'effectuer un parcours minimum de 300 kilomètres, aller et retour, aux familles d'au moins quatre personnes payant place entière et voyageant ensemble, des billets d'aller et retour collectifs de 1re, de 2º et 3e classe pour les stations hivernales suivantes : **Hyères** et toutes les gares situées entre **Saint-Raphaël, Grasse, Nice** et **Menton** inclusivement.

Le prix s'obtient en ajoutant au prix de six billets simples ordinaires le prix d'un de ces billets pour chaque membre de la famille en plus de trois, c'est-à-dire que les trois premières personnes paient le plein tarif et que la quatrième et les suivantes paient le demi-tarif seulement.

SPÉCIALITÉ

DE

CHIENS DE LUXE

E. WILLIS

IMPORTER

3, RUE YVON-VILLARCEAU (rue Boissière)

Chiens de berger d'Ecosse (Collies) — Toy-Terriers noirs
et feu ou tout blancs — Terriers du Yorkshire — Bull-
Terriers — Bull-dogs.
PURS ÉTALONS ANGLAIS PRIMÉS

TONDEUR

Spécialité de tonte aux ciseaux

# JACQUES

9, RUE LAURISTON, 9

MAISON DE TRAVAIL

33, Rue Félicien-David, 33

MEUBLES EN BOIS BLANC
& EN BOIS VERNIS

ARTICLES

D'ÉCURIE

ET DE

JARDIN

MEUBLES

DE CUISINE

SUR

COMMANDE

NICHES A CHIENS

STALLES — BOXES

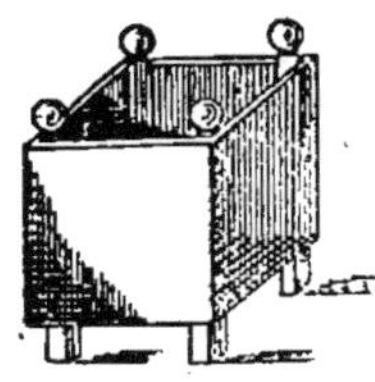

BAT-FLANCS

—

PORTE-HARNAIS

GRANDS MOUSSEUX DE FRANCE

Bouchage Champagne

THAURAUX - BLONDEAU

PROPRIÉTAIRE

DOMAINE DE LA GAUCHERIE, RESTIGNÉ (Indre-et-Loire)

Panier ou Caisse de 100 francs

GRANDS MOUSSEUX D'ANJOU 30 BOUTEILLES

FRANCO gare du destinataire, régie comprise

Payable au comptant, par Mandat-Poste, à vue ou contre remboursement net
sans escompte

10 Bouteilles VOUVRAY MOUSSEUX, Carte blanche, qualité extra.
5   —   DUC D'ANJOU, Carte Argent, vin du Château.
5   —   —   Carte Or, Vin d'Honneur.
5   —   CLOS DES CHEVALIERS, Carte blanche, Grand Crémant
3   —   —   Carte Or, Grand Vin extra.
2   —   MOUSSEUX ROUGE, Carte Or, Création de la Maison.

TOTAL 30 BOUTEILLES AVEC DEUX PRIMES

A titre gracieux, j'offre avec chaque panier ou caisse de 100 fr. :

1re Prime.— Une bouteille litre du Guignolet de la Gaucherie

Cette Liqueur la plus en vogue aujourd'hui, se distingue par la finesse de
son goût de fruit, net, parfumé.

2e Prime. — LE COUTEAU CHAMPAGNE

PETIT BIJOU DE POCHE, fabriqué spécialement pour ouvrir avec facilité les
Bouteilles de VINS MOUSSEUX ; sa forme élégante (bouteille champagne) n'en
exclut pas l'utilité. **OBSERVATION**

*Tous mes Vins Mousseux s'expédient FRANCO par panier ou caisse de
15, 25 ou 30 bouteilles assorties de prix et qualités différentes.*

*Sur demande est envoyé FRANCO le Prix-Courant GÉNÉRAL, offrant
Vins rouges de Bourgueuil et Vin blanc d'Anjou, par fûts, depuis 55 litres.*

LES CHIENS

RACES, HYGIÈNE, ALIMENTATION

RATIONS

PREMIERS SOINS EN CAS DE MALADIE

PAR

L. RICHARD

Médecin-Vétérinaire (Alf.), Spécialiste en Médecine
et Chirurgie canines
Membre de la Société de Médecine vétérinaire pratique

EN VENTE CHEZ L'AUTEUR :

129, Rue du Ranelagh, 129 — PARIS

PARIS

IMPRIMERIE J. MALIVERNEY

18, RUE DE PASSY, 18

AVANT-PROPOS

Je me suis efforcé de réunir dans cet ouvrage tous les renseignements qui peuvent être utiles à ceux qui possèdent des chiens : détermination facile des races, conseils sur l'hygiène et l'alimentation, premiers soins à donner aux animaux malades. J'ai traité fort brièvement ces divers sujets, toutefois j'ai tenu à être très précis. Autant que possible je me suis abstenu d'employer des termes techniques. Cet ouvrage s'adressant au public, il m'a paru indispensable de rejeter toutes les expressions médicales ou cynégétiques dont la signification n'est pas connue de tout le monde.

PREMIÈRE PARTIE

Les Races de Chiens

DÉTERMINATION ET DESCRIPTION (1)

INTRODUCTION

Les expositions canines sont de plus en plus suivies en France, et, cependant, le nombre de ceux qui ont une connaissance complète de toutes les races de chiens est fort limité. Cette constatation est facile à faire.

D'un autre côté, il est impossible de nier que beaucoup d'ouvrages de cynotechnie ont déjà vu le jour. Je citerai parmi les premiers parus : ceux de Stonehenge et de Hugh Dalziel en Angleterre. En France, notre savant confrère M. Pierre Mégnin a écrit il y a quelques années un remarquable traité des races de chiens. Plus récemment, le professeur belge Ad. Reul publiait un ouvrage traitant du même sujet.

---

(1) Ce travail a été publié presque intégralement dans l'*Echo du XVI° Arrondissement* (numéro du 7 juin 1896 et suivants).

Une littérature cynotechnique aussi importante devrait avoir contribué à répandre dans le public la connaissance des races de chiens. Il n'en est rien.

Je ne veux diminuer en quoi que ce soit le mérite des écrivains que je viens de citer ; mais, il me semble qu'il ne pouvait guère en être autrement. Leurs ouvrages ne me paraissent pas de nature à pouvoir être lus par la masse du public. Les descriptions qu'ils donnent des races sont tellement complètes que celui qui n'a fait aucune étude préalable du sujet, se trouve bientôt perdu.

Très captivants pour un amateur un peu au courant de la question, ces traités sont d'une lecture fatigante pour le premier venu. On finit par se rebuter malgré le désir que l'on a de s'assimiler les caractères typiques de chaque race.

Aussi ai-je pensé qu'il ne serait pas sans intérêt d'écrire une sorte de guide qui permît de trouver rapidement et sans aucune étude antérieure, la race à laquelle un chien peut appartenir.

C'est en recourant à une combinaison analogue à celle qui sert de base aux *flores* que je suis arrivé à ce résultat. De sélection en sélection et d'élimination en elimination, on est amené fatalement à une détermination exacte, à la condition bien entendu que le sujet ne soit pas un vulgaire mâtin ni un misérable roquet.

D'ailleurs, un exemple fera mieux comprendre que toutes les explications, quelle est la marche à suivre.

Je suppose qu'il s'agisse d'un petit caniche (chien mouton).

Ouvrant cet ouvrage à la première page, vous lisez ce qui se trouve compris dans l'accolade n° 1.

$$1. \begin{cases} \text{Chiens à membres très courts} \dots \dots & \mathbf{2} \\ \text{\textemdash } \textit{à membres à peu près proportionnés.} & \mathbf{17} \\ \text{\textemdash à membres tr. allongés (Levriers)} & \mathbf{74} \end{cases}$$

Les membres d'un caniche, ne sont certainement ni courts, ni allongés : *ils sont bien proportionnés*. Ce raisonnement tenu, vous regardez le numéro qui est placé en regard de la dernière ligne de la description partielle reconnue pour exacte. Vous lisez 17. Vous reportant à l'accolade marquée 17, vous êtes amené à choisir entre les deux phrases suivantes :

$$17. \begin{cases} \text{Chiens à poil uniformément ras} \dots \dots & 60 \\ \textit{ayant le poil d'une certaine lon-} \\ \textit{gueur, au moins sur une région du corps.} & \mathbf{18} \end{cases}$$

C'est évidemment ce dernier alinéa suivi du chiffre 18 qui se rapporte au chien en question.

Au n° 18, vous lisez :

$$18. \begin{cases} \textit{Chiens de petite taille} \dots \dots \dots & \mathbf{19} \\ \text{\textemdash de moyenne taille ou de gr. taille.} & \mathbf{35} \end{cases}$$

Et successivement, on se trouve conduit à choisir les alinéas composés en *italique*.

Veut-on trouver la description de la race que l'on vient de déterminer, il suffira de jeter un coup d'œil sur la table des matières ou plus simplement de se reporter directement au paragraphe 23 *A*. Cette cote est composée de la lettre qui précède la dernière description partielle reconnue pour exacte et du chiffre de l'accolade en regard de laquelle cette description partielle est placée.

On voit que ces recherches ne présentent aucune difficulté. Il va sans dire qu'elles auraient été aussi simples pour un chien d'une autre race quelle qu'elle fût.

Paris, 1ᵉʳ Juin 1896.

L. RICHARD, Médecin-Vétérinaire.

CHAPITRE PREMIER

RECHERCHE MÉTHODIQUE DE LA RACE [1]

1	Chiens à membres très courts........	2
	Chiens à membres à peu près proportionnés......................	17
	Chiens à membres très longs. **Levriers**	74
2	Poil ras.......................	3
	Poil demi-long ou long.............	5
3	Membres plutôt ramassés que réellement courts...................	61
	Membres monstrueusement courts, (**Bassets**).................	4
4	*A.* Tête allongée, non plissée, pelage roux ou noir et feu. **Basset allemand.**	
	B. Tête forte, plissée, pelage, tricolore **Basset français.**	
5	Oreilles tombantes..............	6
	Oreilles dressées...............	15
6	*A.* Crâne rétréci en arrière et terminé en pain de sucre. Oreilles recouvertes de poils courts **Basset griffon vendéen.**	
	B. Crâne non rétréci en arrière. Oreilles recouvertes de poils assez longs.....................	7

---

(1) Lire dans l'introduction la marche à suivre pour déterminer la race à l'aide de ce tableau.

7 { Front, joues et museau garni de poils presque ras, en tout cas, jamais garnis de poils durs 8
Front, joues et museau garnis de poils longs 12

8 { Museau excessivement court, crâne très bombé et si développé que parfois le front s'avance au-dessus des yeux.
Petits Épagneuls anglais à membres trop courts, voir 31.
Museau de longueur à peu près normale : crâne plat ou bombé sans exagération 9

9 { A. Museau massif, animaux de moyenne taille (Bassets - Epagneuls anglais). (*Springers*) ...., 11
B. Museau un peu allongé, animaux de petite taille 10

10 { A. Oreilles appliquées contre la tête. Basset de chasse. (Cocker).
B. Oreilles un peu écartées de la tête, du moins à leur base; chien nain.
(Papillon)

11 { A. Pelage pie-citron (Clumber Spaniel).
B. Pelage marron doré. (Sussex-Spaniel).
C. Pelage noir. (Black field Spaniel).

12 { — Poils du dos très longs, tombant de chaque côté du corps 13
— Poils du dos de longueur moyenne 14

13 { A. Chiens très bas sur pattes, pelage dur. Skye-Terrier à oreilles tombantes.
B. Chiens à membres parfois un peu courts sans être réellement des bassets, pelage soyeux. Bichons, voir n° 25.

14 $\left\{\begin{array}{l}A.\ \text{Soies dures sur le dessus du corps,}\\ \quad \text{pelage coloré. } \textbf{Dandie-Dinmont.}\\ B.\ \text{Pelage uniformément soyeux et blanc.}\\ \quad \textbf{Havanais.} \text{ voir n}^\circ\text{ 25.}\end{array}\right.$

15 $\left\{\begin{array}{l}A.\ \text{Oreilles garnies de poils longs. } \textbf{Skye-}\\ \quad \textbf{Terrier} \text{ à oreilles dressées.}\\ B.\ \text{Oreilles garnies de poils courts ou ras.}\end{array}\right.$

16 $\left\{\begin{array}{l}A.\ \text{Poil fin et long, } \textbf{Yorkshire - Terrier,}\\ \quad \text{voir n}^\circ\text{ 26 } A.\\ B.\ \text{Poil dur et court. } \textbf{Scotch Terrier.}\end{array}\right.$

17 $\left\{\begin{array}{ll}\text{Chiens à poil uniformément ras} \dots & 60\\ \text{Chiens ayant le poil d'une certaine long}^{\text{r}}\\ \quad \text{au moins sur une partie du corps..} & 18\end{array}\right.$

18 $\left\{\begin{array}{ll}\text{Chiens de petite taille, 35 centimètres au}\\ \quad \text{maximum} \dots\dots\dots\dots\dots & 19\\ \text{Chiens de moyenne ou de grande taille} & 35\end{array}\right.$

19 $\left\{\begin{array}{ll}A.\ \text{Queue absolument absente} \dots\dots & 20\\ B.\ \text{La queue ne fait pas défaut} \dots\dots & 21\end{array}\right.$

20 $\left\{\begin{array}{l}A.\ \text{Poil couché. — } \textbf{Shipperke.}\\ B.\ \text{Poil hérissé.— } \textbf{Terrier-griffon allemand}\end{array}\right.$

21 $\left\{\begin{array}{ll}\text{Poils longs ou assez longs} \dots\dots & 22\\ \text{Poils courts et toujours raides et droits} & 34\end{array}\right.$

22 $\left\{\begin{array}{ll}\text{Poils à peu près ras depuis les yeux jus-}\\ \quad \text{qu'au museau. Jamais de moustaches} & 29\\ \text{Poil long ou demi-long sur une partie de}\\ \quad \text{cette région} \dots\dots\dots\dots & 23\end{array}\right.$

23 $\left\{\begin{array}{ll}A.\ \text{Poil presque ras depuis les yeux jus-}\\ \quad \text{qu'à la moustache. } \textbf{Petit Caniche.}\\ B.\ \text{La région comprise entre les yeux et la}\\ \quad \text{moustache est garnie de poils assez}\\ \quad \text{longs} \dots\dots\dots\dots\dots & 24\end{array}\right.$

24 $\left\{\begin{array}{ll}\text{Oreilles assez longues tombantes} \dots & 25\\ \text{Oreilles courtes; droites ou 1/2 droites} & 26\end{array}\right.$

25 { *A*. Poil droit; queue se recourbant légère-
ment sur le dos. **Bichon de Malte**.
B. Poil ondulé; queue non recourbée sur
le dos. **Bichon de la Havane**.

26 { *A*. Poil excessivement long et droit, tom-
bant de chaque côté de la poitrine.
Terrier nain du Yorkshire.
B. Poil de longueur moyenne....... 27

27 { *A*. Poil dur et revêche............... 28
B. Poil souple et soyeux. **Griffon nain à
poil souple**.

28 { *A*. Pelage roux foncé. **Griffon nain bruxel-
lois**.
B. Pelage d'une autre couleur que roux
foncé. **Griffon nain allemand**.

29 { Museau excessivement court........ 30
Museau assez long 32

30 { *A*. Oreilles droites. **Chin japonais**.
B. Oreilles tombantes............. 31

31 { *A*. Pelage noir et feu. **King-Charles**.
B. Pelage blanc et marron. **Bleinheim**.
C. Pelage blanc, noir et marron (tricolore)
Prince-Charles.
D. Pelage couleur acajou. **Ruby-Toy-Spa-
niel**.

32 { *A*. Oreilles droites; poil droit; membres
à poil ras. **Petit Loulou**.
B. Oreilles tombantes, ou demi tombantes;
poil ondulé; membres garnis de poils
assez longs.................... 33

33 { *A*. Oreilles tombant contre les joues; petit
épagneul de chasse. **Cocker**, voir n° 10 *A*
B. Oreilles un peu détachées de la tête,
du moins à leur base; petit chien de
dames. **Papillon**; voir n° 10 *B*.

34 {
A. Le blanc domine dans le pelage. **Fox-Terrier à poil dur**.
B. Pelage de couleur fauve. **Irish-Terrier**.
C. Pelage gris ardoisé, taché de feu. **Welsh-Terrier**.

35 {
A. Poils du corps à peu près ras partout, sauf de rares régions (la queue et la culotte par exemple), où le poil est demi-long et touffu. **Saint-Bernard à poil ras**.
B. Corps couvert à peu près partout de poils de quelque longueur ; en tout cas, les parties touffues plus étendues que les parties rases............ 36

36 {
A. Queue absente. **Chien de berger anglais**.
B. La queue ne fait pas défaut...... 37

37 {
La région comprise entre les yeux et le museau est entièrement ou partiellement garnie de poils longs ; généralement il y a une moustache............... 38
La région comprise entre les yeux et le museau est couverte de poil ras ou presque ras ; jamais de moustaches.... 45

38 {
A. Oreilles droites ou demi-tombantes ; elles sont généralement rognées de même que la queue. **Chien de Berger de la Brie**.
B. Oreilles tombantes... 39

39 {
Poil laineux et long............... 40
Poil raide, hérissé, court ou demi-long (il s'agit du poil extérieur et non du sous-poil s'il y en a............... 42

40 {
A. Poil droit ou faiblement ondulé. **Griffon Boulet**.
B. Poil très fortement ondulé, frisé ou en cordelettes................... 41

41 { *A*. Chien d'assez grande taille; queue généralement entière. **Barbet de chasse**.
B. Chien de moyenne taille; queue généralement raccourcie. **Caniche**.

42 { Crâne se rétrécissant dans sa partie postérieure de telle sorte qu'il se termine en pain de sucre; ressaut naso-frontal peu accusé; queue se dressant verticalement à peu de distance de la base pour couper perpendiculairement le prolongement de la ligne du dos (lorsque l'animal s'anime); oreilles longues, attachées bas et généralement roulées en dedans 43
Crâne non rétréci dans sa partie postérieure; ressaut naso-frontal bien accusé; queue portée à peu près horizontalement pendant la quête; oreilles mi-longues, attachées un peu haut et rarement roulées en dedans.................. 44

43 { *A*. Poil fauve. **Griffon courant de Bretagne**.
B. Pie fauve. **Chien courant vendéen**.
C. Fauve plus ou moins noirâtre. **Griffon courant bressan-nivernais**.

44 { *A*. Un sous-poil soyeux. **Griffon Korthals**.
B. Pas de sous-poil soyeux. **Griffon allemand à poil raide**.

45 { Museau pointu; oreilles droites (au moins quand l'attention du chien est éveillée); yeux généralement obliques...... 49
Museau bien développé; oreilles toujours tombantes; yeux placés horizontalement.......................... 51

46 { Queue se relevant sur le dos....... 47
Queue ne se relevant pas sur le dos. 49

56 { A. Moitié terminale de la queue à poil ras.
       Water Spaniel ou Epagneul d'eau.
     B. La queue est entièrement garnie de
        poils d'une certaine longueur...   57

57 { A. Ue toupet sur le sommet du crâne.
       Epagneul de Pont-Audemer.
     B. Pas de toupet sur le sommet du crâne. 58

58 { A. Tête élégante, la queue est garnie, vers
        son milieu, de soies excessivement
        longues; ces mèches diminuent pro-
        gressivement de longueur de telle
        sorte que l'extrémité est à peine
        frangée   59
     B. Tête forte, queue garnie de poils de
        longueur à peu près égale sur toute
        son étendue; en tout cas jamais ténue
        à son extrémité. **Anciens épagneuls.**

59 { A. Chien de petite taille; membres un peu
        courts; queue généralement racour-
        cie. **Cocker** à membres trop longs;
        voir 10 A.
     B. Chien de taille moyenne; membres
        bien proportionnés; queue entière.
        Epagneuls anglais ou Setters.

60 { Museau haut, en tout cas relativement
      court. Tête grosse et ronde......   61
     Museau de hauteur et de longueur à peu
      près normales. Tête généralement élé-
      gante, parfois un peu forte, jamais
      ronde.........................   66

61 { A. Queue contournée en spirale et relevée
        sur le dos. **Carlin.**
     B. Queue non contournée...........   62

62 { Mâchoire inférieure très proéminente. 63
— inférieure ne dépassant pas ou ne dépassant que de très peu la supérieure. 64

63 { A. Chiens de taille assez forte, tête carrée.
Bouledogue d'Espagne.
B. Chiens de moyenne ou de petite taille;
tête arrondie. **Bouledogue Anglais.**

64 { A. Lippes énormes. Dogue de Bordeaux.
B. Lippes peu accentuées........... 65

65 { A. Masque noir. **Mastiff.**
B. Pas de masque. **Dogue allemand de**
formes trop massives, voir n° 71 A.

66 { Oreilles pendant le long de la tête;
la pointe dirigée en bas......... 67
Oreilles droites ou rejetées en arrière ou
tombant en avant la pointe dirigée vers
le nez.......................... 70

67 { A. Crâne se rétrécissant dans sa partie
postérieure de telle sorte qu'il se termine en pain de sucre; queue se relevant et se dressant verticalement à
peu de distance de sa base pour couper perpendiculairement le prolongement de la ligne du dos lorsque l'a-
nimal s'anime; oreilles généralement
roulées en dedans et plus larges vers
leurs tiers inférieur que dans leur
partie moyenne. **Chiens courants à**
poil ras autres que les Bassets.
B. Crâne non rétréci dans sa partie postérieure; queue portée horizontalement ou au-dessous de l'horizontale
ou encore relevée sur le dos; oreilles
rarement roulées en dedans et moins
larges vers leur tiers inférieur que
dans leur partie moyenne.......... 68

68
- *A.* Babines tombantes ; oreilles plutôt grandes. **Braques et Pointers.**
- *B.* Babines non tombantes ou à peine tombantes, oreilles assez petites.... 69

69
- *A.* Chiens de forte taille et solidement membrés. **Dogue allemand,** voir n° 71 *A.*
- *B.* Chiens de taille moyenne et de formes élégantes. **Dalmatien.**

70
- *A.* Queue absente (amputée totalement; sans cette mutilation elle serait portée relevée sur le dos). **Shipperke** à **crinière trop courte.** Voir n° 20 *A.*
- *B.* La queue existe entière ou raccourcie 71

71
- *A.* Chiens de grande taille. **Dogue allemand ou Grand Danois.**
- *B.* Chiens de petite ou de moyenne taille. [72

72
- *A.* Membres solides, épais, bien musclés |73
- *B.* Membres nets et secs **Terrier anglais.**

73
- *A.* Oreilles droites. **Bull-Terrier.**
- *B.* Oreilles tombant en avant. **Fox-Terrier.**

74
- *A.* Le corps est à peu près entièrement couvert de poils................ 75
- *B.* Le corps est à peu près entièrement nu. **Chien Chinois.**

75
- Chien de très petite taille............ 76
- Chien de taille moyenne ou de grande taille.... 77

76
- *A.* Tête excessivement allongée. **Levrette d'Italie.**
- *B.* Tête moyennement allongée. **Petit terrier anglais** à membres trop allongés, voir 72 *B.*

77 { Poil ras........................... 78
{ Poil long ou demi-long.............. 79

78 {

A. Pelage de couleur relativement foncée (fauve ou bringé). Extrémités souvent noires. **Levrier anglais ou Greyhound.**

B. Pelage généralement de couleur claire (blanc laiteux ou fauve clair). Les extrémités ne sont pas plus foncées que le reste du corps. **Levrier d'Algérie ou Sloughi.**

79 {

A. Poil rude, hérissé, dirigé sans ordre. **Levrier d'Ecosse**

B. Poil souple et soyeux. **Levriers Russes.**

ADDENDA

Accolade n° 20, 1re ligne. Au lieu de : Poil couché
  Lire :
Poil court et couché (sauf autour du cou et à la culotte).

2me ligne. Au lieu de : Poil hérissé.
  Lire :
Poil long et hérissé.

Accolade n° 54, 3me ligne. Au lieu de : Pas de sillon.
  Lire :
Pas de sillon bien accusé.

CHAPITRE II

DESCRIPTION DES RACES

Basset allemand ou Dachshund. 4 A

Ce basset, très allongé de corps, a une tête effilée, sur les côtés de laquelle pend à plat une
oreille longue, large et arrondie. Toutefois ces
oreilles forment de gracieux plis quand l'animal

Dachshund.

est au repos. La brièveté et la conformation des
jambes donnent à cet animal une démarche très
caractéristique. Celles de devant sont torses, mais
elles doivent cependant être d'aplomb quand on
les regarde de profil. Le crâne du **Dachshund** est
aplati. son poitrail proéminent, sa poitrine haute

et large, son ventre retroussé. Le cou n'a pas de
fanon. Il faut que la queue s'amincisse progressivement pour être effilée à son extrémité et qu'elle
soit portée un peu haut pendant la marche.

La robe est rousse, ou noire et feu. Cette dernière variété est la plus répandue ; les taches feu
doivent être ainsi localisées : sur les joues, au-
dessus de chaque œil, sur le poitrail. Les jambes
doivent être couleur feu au-dessous du poignet et
au-dessous du jarret ; mais chaque doigt sera taché
de noir. Le dessous du corps, la face inférieure
de la queue, à sa base, et le pourtour de l'anus
sont également couleur feu.

Défauts : sommet du crâne (occiput) peu développé ; museau trop court ; babines trop longues ; oreilles contournées ; poitrine étroite ;
jambes de devant trop torses ; jarrets déviés en
dehors ; queue relevée sur le dos. Sauf une
étroite ligne qu'on tolère au poitrail, la couleur
blanche doit être absente de la robe.

Usages : Le Basset allemand est employé comme
terrier, comme limier et comme chien courant.

4 B Basset français

Le Basset français est tricolore ; son corps est
long et bas ; sa tête est toute plissée ; son crâne
haut et pointu se termine en pain de sucre. Les
oreilles d'une excessive longueur doivent dé-

passer le bout du nez quand on les tire en avant; le cou est puissant et forme un fanon à sa partie inférieure. Les jambes de devant, toujours très courtes, sont plus ou moins torses : déviées dans la variété *Lane*, elles sont droites et bien d'aplomb dans la variété *Le Couteulx*.

Usages : Le Basset français est employé à la chasse à courre et à la chasse sous terre.

Basset griffon vendéen.   6 A

Le corps du Basset griffon, moins long que celui du Basset français proprement dit, est recouvert d'un poil dur et un peu rude. La tête est garnie d'un poil de même nature sauf les oreilles longues et plates où il se montre presque ras.

Les jambes ne doivent pas être torses.

Couleurs : blanc taché de jaune ou de gris, ou entièrement gris.

Cocker.   10 A

Le Cocker est le plus petit des épagneuls de chasse; il est employé en Écosse pour la recherche du *Coq de Bruyère* (grouse); sa taille est de 23 centimètres environ; ses membres sont relativement courts; son museau est bien développé, mais il est maigre, c'est-à-dire décharné. Le nez doit être noir; les oreilles modérément longues, bien frangées, pendent le long de la tête. La

queue, portée horizontalement, est généralement
coupée aux deux tiers. Elle est bien garnie de
franges, comme celle des *setters*. Le poil est ondulé et soyeux.

Couleurs : noir jais, noir et feu, brun et feu,
feu et blanc, orange et blanc. Défauts : nez pâle,

Cocker.

robe frisée, présence d'un toupet, Dos et reins
étroits et faibles.

10 B   Papillon.

C'est un épagneul nain, un petit chien de salon.
La face est rase ; le crâne, les oreilles et le corps
sont protégés par de longs poils soyeux. Le
Papillon n'a pas le front anormalement bombé,
le museau court du King Charles et du Bleinheim.
Les oreilles sont assez longues, mais elles ne

pendent pas le long de la tête; elles sont un peu détachées de celle-ci, tout au moins à leur base : parfois elles sont tout à fait portées en dehors et simulent les ailes d'un **Papillon**. Les jambes sont courtes et la queue forme panache.

Clumber-Spaniel. 11 A

Le Clumber-Spaniel est de taille plus élevée que le Cocker. Sa hauteur à l'épaule est de 42 centimètres environ. Sa tête est forte et grande, son museau large et carré, ses babines fortes. C'est un Basset. La truffe doit être de couleur chair foncée, les oreilles sont grandes et sont garnies de poils courts. La queue est portée bas, entre les jambes.

Couleur : pie-citron. Défauts : tête légère, museau étroit; nez pâle; poil frisé; présence d'un toupet sur le sommet du crâne.

Usages. Le Clumber-Spaniel de même que tous les Bassets-Épagneuls sert à faire lever le gibier dans les fourrés.

Sussex-Spaniel. 11 B

Le Sussex-Spaniel a la même conformation générale que le Clumber. Sa taille est un peu moins élevée; son pelage est brun doré uniforme : aucune tache blanche n'est tolérée. La queue sans être horizontale est portée moins bas que celle du Clumber. Défauts: ceux indiqués pour le Clumber.

11 C   **Black-Spaniel.**

Ne diffère du Sussex-Spaniel que par la couleur du pelage qui est noir jais au lieu d'être brun
doré. Ce chien porte la queue horizontalement.
Défauts : les mêmes que ceux du Clumber et du
Sussex.

13 A   **Skye-Terrier.**

Le Terrier basset de l'île de Skye est un
petit chien d'une hauteur de 23 centimètres envi-

Skye-Terrier à oreilles dressées.

ron. Corps très allongé ; jambes très courtes
celles de devant parfois légèrement arquées.
La tête est longue; d'épais sourcils tombent en
rideau devant les yeux. Le poil du corps, long de
9 centimètres au moins, se couche sur les côtés et
forme ainsi le long de l'échine une raie très
nette. Queue horizontale. Les oreilles du *Skye*

sont tantôt tombantes, tantôt droites; en tout cas elles ont toujours tendance à être portées en avant. Le poil de ces chiens est généralement dur; il existe cependant une variété de Skye, le *Skye de Paisley*, dont les poils sont soyeux et ondulés. Couleurs : gris acier ou gris pâle. Ces poils sont piquetés de noir à leur extrémité; ceux qui garnissent les oreilles et la queue sont généralement de couleur plus foncée. Défauts : présence d'ergot aux membres postérieurs; queue en trompette. Poids de 10 à 18 livres.

Dandie-Dinmont. 14 A

Même taille que le Skye-Terrier. La tête doit être entièrement couverte de poils soyeux très

Dandie Dinmont.

fins. Crâne bien bombé, surmonté d'un toupet de nuance pâle. Cette couleur claire se retrouve à l'oreille dont le bord antérieur doit être en ligne droite. Les membres sont courts. Le poil de la face supérieure du corps est un mélange de poils doux et de soies dures. Celui du dessous est entièrement doux. Couleurs : bleue ou ardoisée ou rousse. Poids de 13 à 18 livres. Défauts : queue en tire-bouchon ou en trompette; nez et intérieur de la gueule de couleur claire au lieu d'être noirs; mâchoire inférieure proéminente. Le blanc au poitrail est toléré.

15 A   **Skye-Terrier à oreilles dressées**
Voir plus haut 14.*B*

16 B   **Scotch Terrier ou Terrier écossais.**

Même taille que les précédents. Ce chien a les yeux petits et perçants. Membres très courts. Oreilles très petites et droites, recouvertes d'un poil velouté. Queue légèrement courbée et portée un peu au-dessus de l'horizontale. Le poil du corps a $0^m,05$ cent., celui de la tête à $0^m,02$ cent. 1/2. Il doit être épais et dur. Poids de 13 à 18 livres. Défauts : mâchoire inférieure proéminente; œil trop grand; oreilles trop longues, pendantes ou garnies de poils longs.

20 A   **Schipperke.**
(Petit Terrier belge sans queue).

La tête du Schipperke ressemble à celle du renard; ses oreilles sont petites et droites. Le corps est court et trapu; le poil, dur, entièrement noir,

ras partout, sauf autour du cou et à la partie postérieure des cuisses. L'absence de queue donne à
ce petit chien un aspect très particulier. Si la queue
n'était pas, dès la naissance, amputée totalement,
elle serait portée relevée sur le dos. Le Schipperke est d'ailleurs proche parent du Loulou.
Poids maximum : 20 livres. Défauts : œil clair ;

Schipperke.

oreilles mi-droites, grandes ou arrondies ; poil peu
fourni ou bien long souple et ondulé ; absence de
crinière ou de culotte ; pelage non uniformément
noir.

20 B   Terrier-griffon badois sans queue.

De même taille et d'une conformation à peu près
semblable, le Terrier belge et le Terrier badois
diffèrent par la nature de leur pelage. Tandis que
la tête et la plus grande partie du corps du premier

sont recouvertes de poil ras, le Térrier badois a le pelage long, dur, hérissé et revêche.

20 A Petit Caniche.

Mêmes caractères que le Caniche, voir 41 *B*.

25 A Bichon de Malte.

Le Maltais est un petit chien à poils très longs, plats et soyeux et à oreilles tombantes. La couleur du pelage doit être entièrement blanche ; toute tache jaunâtre, grise, ou noire constitue un grave défaut. Truffe et ongles noirs. Le crâne est rond,

Maltais.

le museau court, un peu pointu. La tête est garnie de longs poils doux et lisses qui tombent devant les yeux ; ceux-ci sont ronds et assez gros, sans être proéminents ; ils doivent être noirs. Les membres sont plutôt courts ; la queue ne doit pas être longue, elle se recourbera sur le dos sans toutefois être couchée à plat. Un beau Maltais pèse au plus 5 livres; la taille varie entre 20 et 24 centimètres.

Bichon de la Havane.   **25 B**

Le Havanais, comme conformation, ressemble beaucoup au Maltais. Il est un plus élevé de taille cependant; son museau est plus allongé, sa queue est portée moins haut. Le pelage surtout diffère ; tandis que les poils du Maltais sont droits et très longs, ceux du Havanais sont ondulés, frisés même, et, notablement plus courts.

Terrier nain du Yorkshire.   **26 A**

Ce petit Terrier de création relativement récente, a une apparence générale toute particulière. Les

Terrier nain du Yorkshire.

poils excessivement longs, soyeux, plats et brillants, tombent de chaque côté du corps. Cette toison descendant presque jusqu'à terre forme une sorte de jupe qui masque les membres à peu près entièrement. Une raie très nette court de la nuque à la queue. Les oreilles sont droites quand elle sont coupées, demi-droites quand elles sont entières; elles sont recouvertes d'un poil court; celui qui garnit le front est au contraire très long et tombe de chaque côté de la tête. Celle-ci est bien proportionnée et va en s'amoindrissant vers le nez; le museau est plutôt long; les yeux sont grands, doux, foncés et brillants. Le nez et les ongles doivent être noirs. La queue, raccourcie, portée horizontalement, est garnie de poils très longs. Un beau Yorkshire-Terrier n'atteint pas 18 centimètres au garrot. Le poids ne doit pas excéder 6 livres.

27 B — Terrier-Griffon nain à poil souple.

Sous cette dénomination nous réunissons la race métisse des Toy-Terriers a poil long et celle des Griffons nains à poil soyeux(Griffon bruxellois de pelage défectueux.

28 A — Griffon nain bruxellois.

Petit chien trapu, à robe roux-foncé. Les poils, assez longs, sont rudes et revêches; la tête est ronde, l'œil grand, foncé, les oreilles droites, le bout

du nez noir. Sourcils, moustaches et barbiche bien
fournis. La queue, raccourcie des deux-tiers de la
longueur, est portée haut. Poids maximum : 8 li-

Petit griffon belge.

vres. Défauts : poils souples, doux ou trop lisses;
nez brun ; yeux pâles ; huppe soyeuse sur le crâne;
tache blanche au poitrail ou sur l'extrémité des
pattes.

Griffon nain allemand ou Griffon-Singe. 28 B

Mêmes caractères généraux que le Griffon
bruxellois. Le Griffon allemand est moins trapu
que le Griffon bruxellois. Toutes les couleurs,
sauf le blanc, sont admises.

Chin Japonais. 30 A

Très petit chien à front excessivement bombé,
à nez écrasé, à oreilles courtes, à poil soyeux et

bouclé. La robe d'un blanc pur, est tachetée de noir. La queue est portée comme celle du Loulou ; c'est-à-dire qu'elle se relève pour se coucher sur le dos. Le poids varie entre 3 et 5 livres.

31 A-D Toy-Spaniels.

Le King-Charles, le Bleinheim, le Prince-Charles et le Ruby sont des petits épagneuls anglais, à

Blenheim.

crâne très bombé. Ils ne diffèrent guère que par la couleur du pelage qui est noir et feu chez le premier, blanc et marron chez le second, tricolore chez le troisième et couleur acajou chez le dernier. Le corps de ces Toy-Spaniels doit être ramassé; leur crâne, demi-globulaire, s'avance au-dessus des yeux de façon à presque rencontrer le nez qui est refoulé en haut. Yeux grands de

couleur foncée ; bout du nez (truffe) noir. Le poil
doit être long, soyeux, ondulé. La queue est généralement portée au-dessus de l'horizontale ; le
panache forme un plumet de forme carrée. Les
oreilles sont excessivement longues, surtout celles du King-Charles.

Les taches feu du King-Charles doivent se
trouver au-dessus des yeux, sur les joues et aux
membres.

Chez le Blenheim dont le fond du pelage est
blanc, des plaques marron vif ou rouge vermeil
seront disposées régulièrement sur le corps. Cette
même coloration se retrouvera aux oreilles et
aux joues. Une liste blanche, au milieu de laquelle doit se trouver une petite tache rouge à
contour très net, part du nez pour remonter vers
le front et pour se terminer à la nuque.

Le Prince-Charles (ou Tricolore) a, lui aussi,
une robe à fond blanc. Le corps est taché de
noir brillant; les joues et les membres sont couleur feu ; les oreilles et la queue ont des taches
noires bordées de feu.

Petit Loulou. **32 A**

Voir 48 B

Terrier-Griffons Anglais. **34 A-C**

La conformation du Fox-Terrier à poil dur,
du Welsh-Terrier et de l'Irish-Terrier est la

même. Ce sont des chiens d'assez petite taille (35 c/m), au poil court et revêche, à la tête longue, au crâne plat, aux oreilles petites et tombant en avant. Le dos est court, les membres sont bien musclés, la queue, généralement raccourcie, est portée haut ; mais elle ne doit pas être renversée sur le dos, ni être portée en trompette. Le blanc

Irish-Terrier.

domine dans la robe du Fox-Terrier à poil dur. L'Irish-Terrier est rouge vif, froment, jaune ou gris. Le Welsh-Terrier est gris ardoisé sur les faces supérieures et latérales du corps et couleur feu partout ailleurs.

Défauts : nez clair au lieu d'être noir ; oreilles droites, en tulipe ou en rose ; mâchoires d'inégale longueur ; poil laineux au lieu d'être dur.

Saint-Bernard à poil ras.   **35 A**

C'est un chien de puissante stature et de grande

taille, à babines supérieures pendantes, à tête large et plissée, à pelage rouge ou blanc et rouge. Sa conformation est d'ailleurs la même que celle du Saint-Bernard à poil long. Comme son nom l'indique, ce chien a le poil ras, mais non sur la totalité du corps : la culotte et la queue sont garnies de poils assez longs. Le Saint-Bernard a le museau court, la peau du front plissée; celui-ci, sur la ligne médiane, doit être creusé en gouttière; cette dépression est surtout accusée entre les arcades sourcillières. Le nez est gros et de couleur noire; les oreilles doivent être fines et petites ; les yeux sont grands et la paupière inférieure découvre la muqueuse vers l'angle interne.

Défauts : dos à profil concave (rein ensellé) ; jarrets trop arqués ; intérieur des doigts abondamment garni de poils.

Chien de berger anglais sans queue.   36 A

Ce chien a beaucoup d'analogie avec notre chien de berger de la Brie dont il ne diffère guère que par une taille plus élevée et par un pelage plus grossier. L'absence totale de queue donne à cet animal un cachet tout particulier.

38 A   Chien de berger de la Brie ou Briard.

Le Briard tient beaucoup du Barbet. Il a un
pelage long et laineux comme ce dernier ; sa tête
est ébouriffée et rappelle celle du griffon. Le port

Briard.

des oreilles, qui sont toujours droites ou demi-
droites et jamais tombantes, permet cependant à
première vue de différencier le Briard du Barbet
et du griffon à poil laineux ; c'est précisément
cette position des oreilles qui décèle la parenté
de ce chien avec le vieux chien de berger français (le Beauceron).

C'est l'une des plus petites races de chiens
de berger : la taille du Briard est notablement

inférieure à celle du Beauceron. Le pelage est couleur ardoise. noir mal teint ou gris fauve.

Griffon-Boulet, 40 A

Le Griffon - Boulet n'est rien autre qu'un barbet à poils droits ou faiblement ondulés, de couleur marron feuille morte : la robe peut présenter des taches blanches. La taille oscille entre 50 et 60 centimètres.

Usages : Chien d'arrêt.

Barbet de chasse. 41 A

Voici une race qui tend à disparaître en France. C'est d'elle qu'est issu le caniche actuel qui, lui, au contraire, est excessivement répandu. De taille plus élevée que celui-ci, le Barbet de chasse a la tête large, le museau plutôt court et garni de fortes moustaches. Le poil est laineux, frisé ou en cordelettes, comme celui du caniche ; la queue n'est pas très longue, elle est à peu près horizontale et se relève légèrement vers l'extrémité.

Couleurs : noir, blanc, pie-noir, gris, marron, café au lait, etc. Taille de 44 à 55 centimètres.

Caniche. 41 B

Le Caniche est un chien de moyenne taille, à poil laineux et long sur tout le corps, sauf sur la partie des joues et du museau qui s'étend entre les yeux et la moustache. Le crâne est très légèrement bombé; le museau est assez étroit mais n'est pas pointu. Les yeux sont petits, foncés, brillants ; le blanc doit être apparent autour de l'iris.

Caniche-Mouton.

Quant aux oreilles, elles doivent être excessivement longues et atteindre le bout du nez quand on les tire en avant. On distingue deux variétés de caniches : le Caniche-Mouton, le plus répandu, dont la toison est laineuse, et, le Caniche Royal dont les poils, tournés en spirales, s'agglutinent les uns aux autres pour former de petites mèches très longues appelées *cordelettes*.

Couleurs : noir, blanc, brun *uniformes*.

Défauts : tête trop longue et museau trop pointu ; oreilles courtes ; queue pendante ou portée en trompette (elle doit être horizontale ou légèrement relevée) ; œil vairon et truffe claire

Caniche Royal

(chez le Caniche noir seulement). Toute tache dans le pelage constitue un grave défaut.

Griffons Courants.   43 A-C

Les Griffons courants ont, sauf la nature du pelage, tous les caractères des chiens courants à poil ras : crâne haut et terminé en pain de sucre, membres solides ; oreilles longues, attachées bas et très souples, souvent roulées en dedans ; peau du front lâche et même parfois plissée ; queue se relevant verticalement à peu de distance de la

base pour couper perpendiculairement le prolongement de la ligne du dos (quand l'animal
s'anime).

Toute la tête, excepté les oreilles pour quelques
races, et tout le corps, sont couverts de poils
longs, rudes et revêches.

Nous ne décrirons pas en détail toutes les va-

Griffon courant.

riétés de griffons courants ; nous nous conten-
terons de les différencier au seul point de vue de
la couleur du pelage. Celui-ci est blanc taché de
fauve chez le griffon vendéen, fauve uniforme
chez le griffon de Bretagne, gris fauve plus ou
moins mélangé de noir chez les griffons bressans-
nivernais et chez les griffons anglais (Otter-
hounds).

Griffon Korthals et Griffon français.   44 A

Le Griffon Korthals n'est qu'une variété du
Griffon français à poil dur. Cette dernière race
tendant à disparaître, M. Korthals résolut de la
reconstituer. Sa tentative fut couronnée de succès
et le Griffon Korthals est aujourd'hui regardé

Griffon d'arrêt.

comme le vrai type du Griffon à poil dur. C'est
un chien de 50 à 60 c/m de hauteur ; son poil
extérieur est dur, son sous-poil duveteux. La région comprise entre les yeux et la moustache est
recouverte de poils assez longs, caractère
commun à tous les Griffons. L'oreille, tombante
et de grandeur moyenne, est la seule région de
la tête où l'on trouve des poils réellement ras,
encore sont-ils mélangés de poils longs ; la mous-

tache et les sourcils sont bien prononcés; le dessus du nez est légèrement busqué. La queue, raccourcie d'un tiers, doit être horizontale ou à peine relevée.

Couleurs : gris-acier à plaques brunes, brun uniforme, ou blanc sale et brun. Le Griffon français avait les cuisses trop grêles et les pattes trop grosses ; défectuosités que ne doit pas présenter le Griffon Korthals.

44 B   Griffon allemand à poil raide.

D'une conformation qui rappelle plus celle du Braque que celle du Griffon, ce chien a un pelage tout différent du Griffon Korthals : il n'a pas de sous-poil duveteux et ses poils, très raides et comme piqués sur la peau, sont de longueur assez faible.

47 A   Chien des Esquimaux et des Groënlandais.

Le chien des Esquimaux rappelle le Loulou de Poméranie et en même temps le chien de berger d'Écosse. Son museau est pointu, ses oreilles sont droites, sa queue est contournée et relevée sur le dos. Il a un poil demi-long et grossier sous lequel se trouve un sous-poil fin, laineux et serré. Le poil est plus long au collier, à la culotte et sur la queue, comme chez le Colley.

Couleur : gris sale.

Chouchou. 48 A

Ce chien originaire de la Chine ressemble beaucoup au Loulou de Poméranie ; notons cependant que la taille est plus grande, le poil plus court, le museau moins long. De plus, la langue, les gencives et le palais du Chouchou sont absolument noirs. La couleur la plus recherchée pour le pelage est le gris ardoisé ; mais le plus grand nombre des chouchous sont fauves ou noirs.

Loulou ou Spitz. 48 B

Le Loulou ou Spitz mesure de 36 à 45 c/m. Son museau pointu, ses yeux ovales et relevés, ses

Loulou

orcilles petites et droites, sa queue fournie et couchée sur le dos, son pelage très long autour du cou et à la partie postérieure des fesses, presque ras au contraire sur la tête, y compris les oreilles, et sur les pieds, lui donnent un aspect très caractéristique. Le corps du Loulou est ramassé; les jambes sont bien proportionnées : le poil doit être droit, dur, hérissé, surtout celui de la crinière. Le nez sera noir et les yeux foncés.

Couleurs : gris louvet, blanc, noir.

Le Petit Loulou a sauf la taille, les mêmes caractères que le Spitz. Il existe une variété de Petits Loulous à poils soyeux. Le Petit Loulou est blanc, noir ou marron.

49 B   Colley.

D'une hauteur de 40 c/m le Chien de berger écossais a la tête rase, longue, le museau pointu, les yeux obliques, brillants et foncés, parfois jaunes, les oreilles petites : celles-ci sont couchées en arrière, mais elles se dressent quand l'attention est éveillée. La queue, bien touffue, est légèrement relevée. Le corps est couvert de deux sortes de poils : un poil extérieur très dur et un sous-poil soyeux. Au niveau du cou le pelage est très fourni et la longueur du jabot et de la crinière est caractéristique de la race.

Couleurs : noir et feu, jaune pâle, parfois blanc

taché de jaune pâle, tricolore, gris noirâtre, gris taché de noir. Ces dernières couleurs sont fort rares. Après elles on donne la préférence au jaune pâle. Une bande blanche autour du cou et l'extrémité de la queue de même couleur se trou-

Colley.

vent sur les sujets les plus appréciés. Le poil des Colleys n'a atteint toute sa longueur que lorsque ces chiens ont 15 mois.

Défauts : tête se rapprochant comme conformation de celle du Levrier ou de celle du Setter; oreilles pendantes; yeux placés horizontalement.

Chien de berger de la Beauce. 50 A

C'est la race la plus ancienne de nos Chiens de berger. La hauteur du Beauceron est de 60 centi-

mètres environ. Sa tête, garnie de poils ras, est
un peu allongée, son museau étroit, son front
large, ses yeux petits, ses oreilles courtes et dressées, sa queue touffue et pendante, son corps couvert de poils rudes. Couleurs : noir et fauve clair

Beauceron.

ou gris brun et fauve clair : la couleur foncée se
trouve sur le dessus du corps. la couleur jaunâtre
dessous.

50 B   Chien de berger des Alpes.

Le chien de berger des Alpes tient à la fois du
Loulou et du Beauceron. Il a les oreilles droites et
l'abondant collier du premier ; mais la queue

n'est pas couchée sur le dos ; elle est pendante et légèrement relevée à son extrémité. Le Louvet est le diminutif du Chien de berger des Alpes. Le pelage de ces chiens est fauve plus ou moins noirâtre.

Dogue du Thibet.   53 A

Ce molosse a été importé assez récemment en Angleterre. Il a de nombreux caractères communs avec le Saint-Bernard ; la forme du crâne est à peu près la même dans les deux races ; le museau du Dogue du Thibet est moins court cependant que celui du Saint-Bernard et rappelle davantage celui du Bloodhound. Les babines inférieures du Dogue du Thibet sont très développées ; sa queue, fort touffue, est à peu près portée comme celle des chiens courants. Le pelage demi-long, est grossier et de couleur brunâtre.

Saint-Bernard à poil long.   53 B

D'une taille de 75 à 82 c/m, le Saint-Bernard a la tête large et carrée, le crâne haut, le front creusé, les yeux grands, à paupière inférieure légèrement écartée vers le coin interne de façon à rendre visible, à cet endroit, le rouge de la muqueuse. Les babines supérieures seules sont pendantes ; quant aux oreilles elles sont petites et tombent à plat le long de la tête. La queue est portée bas quand l'animal est au repos; lorsqu'il est excité il la relève un peu, mais elle ne doit pas dépasser le prolongement de la ligne du dos. Le poil est long et légèrement ondulé ; cette ondulation est surtout accusée sur les hanches.

Saint-Bernard (d'après REUL).

Couleurs : roux, orange ou bringé. La robe est souvent tachée de blanc ; le masque noir est très apprécié.

Défauts : voir 35 *A.*

54 A Chien de montagne.

Les chiens des Pyrénées sont de très grande taille ; leur tête est grosse et allongée ; leurs oreilles courtes et tombantes : leur queue très touffue forme panache ; leur pelage est blanc, dur, fourni et assez long. Ils proviennent très vraisemblablement du croisement d'un Chien de berger avec l'ancêtre du Dogue de Bordeaux : le Dogue blanc du Midi.

Les chiens de Leonberg sont considérés par la plupart des auteurs comme étant des Saint-Bernard défectueux, des bâtards. Ils ont généralement la tête plus longue que celle des Saint-Bernard et leur robe ne contient pas de blanc, elle est uniformément brun noirâtre ou brun noirâtre et fauve. Cette race, à l'origine, a problablement été obtenue par des croisements opérés entre le Chien de berger et le Molosse allemands.

Terre-Neuve.   55 A

Le Terre-Neuve est un grand chien à tête massive et garnie de poils très courts, sinon ras ; les poils du corps sont assez longs ; ils doivent être à peine ondulés, plutôt grossiers ; au toucher, ils sont huileux. Le crâne est plat, le museau court, carré, coupé net ; les yeux petits et enfoncés ; les oreilles sont de peu de longueur, recouvertes de poils courts et sont attachées bas ; la queue, même lorsque l'animal est excité, ne doit pas être portée plus haut que l'horizontale : son extrémité seulement est légèrement incurvée. Les pieds de ce chien sont palmés, c'est-à-dire que la peau forme un repli très accusé entre chaque doigt : aussi le Terre-Neuve est-il le chien d'eau par excellence. Hauteur minimum pour les femelles 65 c/m ; pour les mâles 70 centimètres.

Terre-Neuve (d'après STONEHENGE).

Couleurs : noir uniforme ou pie-noir.

Défauts : rein ensellé ; jarrets crochus ; ergot aux membres postérieurs ; queue en trompette et formant panache ; museau allongé ; poil frisé.

55 B   **Retrievers.**

Il y a deux variétés dans la race des Retrievers : celle à poil ondulé et celle à poil frisé. C'est du Terre-Neuve que sont issus ces deux types ; l'autre facteur a été le Setter pour la pre-

mière variété et l'Épagneul d'eau (Water Spaniel)
pour la seconde. Les Retrievers ont la tête large,
le museau long et carré, les oreilles petites et recouvertes de poils courts. Il y a une démarcation
brusque au sommet du front, entre les poils presque ras de la tête et les poils longs du corps. Le
poil ras se retrouve aux pattes et sur le devant

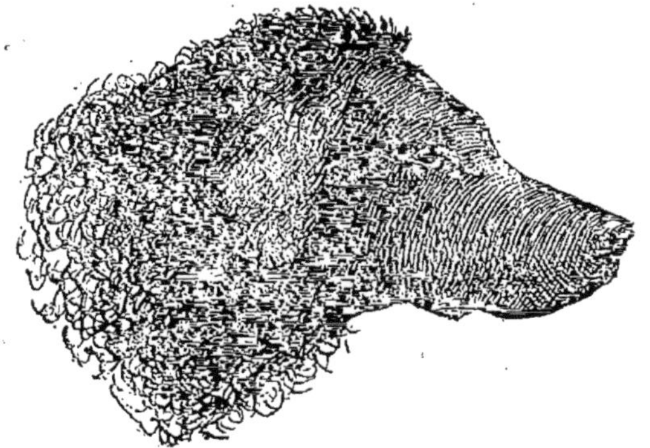

Retriever (d'après STONEHENGE).

des membres. Ces chiens ont une taille de 52 à
60 centimètres. Leur robe est brune ou noire.

Les Retrievers sont employés à rapporter le
gibier tué et à retrouver le gibier blessé.

Water Spaniel ou Épagneul d'eau.   56 A

Le Water Spaniel a la plus grande partie du
corps couverte de poils longs et frisés; les seules
régions rases sont la moitié terminale de la queue

et la tête, depuis le front et les joues jusqu'au museau. Chez le Water Spaniel irlandais, un abondant toupet de poils cordés est placé sur le sommet du crâne. Les oreilles, très longues, sont recouvertes de poil cordé, de même que les jambes. Le nez du Water Spaniel est large; sa queue est grosse à l'origine, mais effilée à l'extrémité. C'est un chien d'une hauteur moyenne de 50 centimètres.

Épagneul d'eau.

Couleurs : marron uniforme (variété irlandaise); pie-marron (variété anglaise).

Défauts : moustaches; franges vers l'extrémité de la queue; poils droits ou poils cordés sur d'autres régions que le front, les oreilles et les jambes; robe pâle; tache blanche sur la poitrine.

Usages : Le Water Spaniel est destiné à rapporter le gibier de terre mais surtout le gibier d'eau.

Épagneul de Pont-Audemer. 57 A

C'est un chien vigoureux, d'une taille de 58 centimètres en moyenne; sa tête est couverte de poil ras, mais elle porte un toupet abondant de poils longs et bouclés; sur le corps, le poil est

Epagneul de Pont-Audemer.

frisé et légèrement bourru; les oreilles sont longues et bien garnies de poils; la queue, souvent coupée, est touffue.

Couleurs : marron et gris moucheté.

58 B   Anciens Épagneuls.

D'une apparence un peu lourde, l'ancien Épagneul a la tête forte, les babines tombantes, les oreilles longues et frangées, le corps garni de longs poils ondulés, la queue à peu près également touffue jusqu'à son extrémité. La taille de l'Épagneul oscille entre 55 et 62 centimètres.

Couleur : marron et blanc ou marron et gris moucheté.

59 B   Setters.

La tête des Setters est élégante de formes ; elle est garnie de poils ras ; les oreilles sont longues et frangées ; sur le corps le poil est long, soyeux, droit ou à peine ondulé : les mêches qui garnis-

Setter Anglais.

sent la queue, excessivement longues vers son milieu, diminuent progressivement de longueur jusqu'à l'extrémité où les poils deviennent relativement fort courts. La collerette, la culotte et les pattes sont remarquablement garnies. Les Setters ont le museau large, leurs babines sont peu prononcées, leurs yeux, fort expressifs, sont placés horizontalement; leurs oreilles, très souples. tombent le long des joues. La taille varie entre 50 et 64 centimètres.

Couleurs : blanc moucheté de noir, de gris bleu, d'orange ou de marron (Setter anglais); noir et feu (Setter Gordon); rouge acajou (Setter irlandais).

Carlin.   61 A

Le Carlin est un petit chien trapu, de couleur fauve pâle, à la face renfrognée et noirâtre, aux oreilles rabattues, à la queue contournée au-dessus de la hanche. Le museau du Carlin est court, mais il n'est pas retroussé comme celui du Bulldog, il est plutôt conformé comme celui du Mastiff : d'ailleurs, taille à part, ces deux races sont fort voisines, et le Carlin peut être considéré comme le diminutif du Dogue anglais. Les yeux du Carlin sont grands, ronds et saillants ; sa tête, sillonnée de rides grandes et profondes, présente. en plus du masque foncé qui s'étend sur

de museau, différentes autres taches : les oreilles
paraissent charbonnées, le front semble avoir
reçu l'empreinte d'un pouce trempé dans l'encre,
les joues sont piquetées de grains noirs, Une raie
de même couleur court tout le long de l'échine.
Le poil du Carlin doit être fin, court, doux, lui-
sant. Poids de 6 à 9 kilos.

Carlin.

·Défauts : Membres longs et grêles, ou au contraire trop courts ; museau retroussé ; poil dur
ou laineux.

Les Anglais ont importé du Japon une variété
noire de Carlins.

63 A   Bouledogue d'Espagne.

Le Bouledogue d'Espagne est plus élevé de

taille que le Bull-dog anglais. Sa tête est moins
arrondie mais elle est plus massive.

Bull-dog. 63 B

La tête arrondie du Bull-dog est tout à fait
caractéristique : face plissée, museau excessivement court, nez refoulé en arrière et en haut,
mâchoire inférieure excessivemement proéminente, oreilles petites, minces, dirigées en dehors

Bull-dog.

ou en arrière, yeux ronds, noirs et écartés l'un
de l'autre. La partie antérieure du corps est solidement bâtie : le cou est fort, le poitrail est large,
les membres antérieurs courts, mais bien con-
formés. Le train de derrière est léger. La queue
s'écarte du corps à son origine, mais s'incurve
bientôt pour tomber verticalement vers le sol;
elle doit être courte et aller en s'effilant. Taille
très variable : il y a des Bull-dogs qui pèsent

plus de 30 kilogs, tandis que le poids des nains de cette race peut ne pas dépasser 10 livres.

Couleurs : toutes sont admises du moment qu'aucune tache, ni marbrure ne dépare l'uniformité de la robe. L'oreille rigide et droite (oreille en tulipe) est regardée par certains auteurs comme un défaut (pour les Bull-dogs de forte taille tout au moins). Cette conformation est au contraire toujours recherchée lorsqu'il s'agit de Bull-dogs nains.

Dogue de Bordeaux.   64 A

Énorme chien, à la tête massive, carrée et plissée, au museau court, aux babines supérieures et inférieures très fortement pendantes. Les

Dogue de Bordeaux.

mâchoires sont puissantes et l'inférieure dépasse
légèrement la supérieure ; les oreilles sont courtes ;
la queue est pendante. Ce formidable molosse
mesure au minimum 65 c/m au garrot.

Couleur : fauve doré sur tout le corps ; la face

Bouleogue de Bordeaux.

est d'un ton plus foncé et plus chaud ; elle est
parfois noirâtre. Ce serait pour M. Mégnin l'in-
dice d'un croisement avec le Dogue anglais ou
Mastiff.

Le Bouledogue de Bordeaux ou du Midi est le
résultat du croisement du grand Dogue de Bordeaux avec le Bouledogue d'Espagne.

Mastiff ou Dogue anglais.   **65 A**

Grand chien d'une hauteur de 65 à 77 centi-
tres ; la tête est ronde et massive, le museau court,

les babines supérieures tombantes, mais les inférieures, peu développées ne forment pas de lippes.
Les oreilles sont petites et rabattues, le cou puissant, la queue pendante et effilée à la pointe. Le
Mastiff doit toujours avoir la face charbonnée

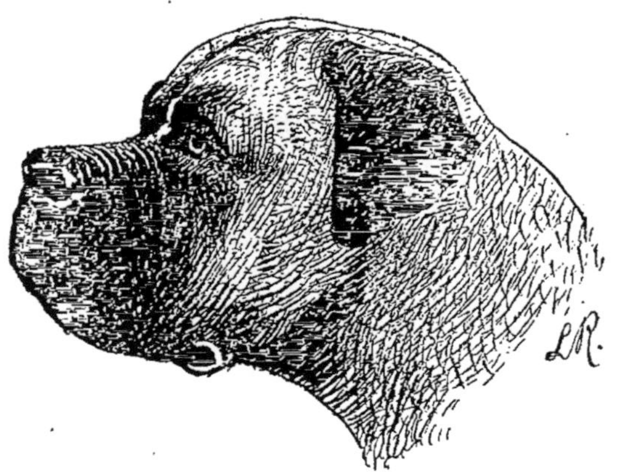

Mastiff.

de même que les oreilles et le pourtour des yeux.
Sa robe est fauve. En somme, le Mastiff a au point
de vue de la conformation a beaucoup d'analogie
avec le Dogue de Bordeaux ; toutefois ce dernier
est plus trapu ; sa tête est carrée et non pas
arrondie, sa mâchoire inférieure dépasse la supérieure et il a des lippes très développées.

67 A **Chiens courants à poil ras
autres que les Bassets.**

Les chiens courants ont une tête anormalement
développée en hauteur dans sa partie postérieure :
le crâne est voûté et diminue progressivement de
largeur en arrière où il se termine par une saillie
de forme conique ; la cassure du nez est peu ac-

Chien courant.

cusée. Les oreilles sont le plus souvent d'excessive longueur ; elles sont plus larges vers leur
tiers inférieur que dans leur partie moyenne, et,
en règle générale, leur bord antérieur se roule en
dedans. La queue se relève et se dresse verticalement à peu de distance de sa base pour couper
perpendiculairement le prolongement de la ligne
du dos, quand le chien est excité. Le poil est
grossier.

Les deux types les plus éloignés l'un de l'autre
sont l'ancien chien courant français et le chien
courant anglais moderne. Ils dérivent tous deux
de l'antique race de Saint-Hubert ; mais tandis
que l'ancien chien courant français a conservé à

Bloodhound.

peu près l'ensemble des caractères de son ascen-
dant, le chien anglais les a perdus en grande
partie par suite de l'addition de sang d'autres
races telles que celles des levriers et des terriers.

Le *Chien de Saint-Hubert* bien que d'origine
ardennaise n'existe plus en France depuis plus
d'un siècle. Cette race a été conservée en Angleterre, mais elle n'y est représentée que par quel-

que sujets d'exposition, descendants directs des bloodhounds ou limiers employés jadis, dans ce pays, à la recherche de ceux qui avaient maille à partir avec la police du temps.

Le Chien de Saint-Hubert noir et feu — la variété blanche est à jamais disparue — est un énorme chien de 65 à 70 centimètres de taille. La

Chien Normand.

tête, sillonnée de gros plis, est assez longue, et le crâne se termine en pain de sucre. Les oreilles, attachées fort bas, sont excessivement longues et très plissées. L'œil est petit ; les paupières inférieures tombent, montrant leur face interne tapissée par une muqueuse rouge. Les babines sont énormes et la peau du cou est remarquablement

lâche. La queue portée haut est relevée à son extrémité, mais elle ne forme pas crochet.

Le *Chien normand* est le type des anciens chiens
courants français et le Fox hound celui des chiens
courants anglais modernes.

La description que nous venons de donner du
Saint-Hubert est à peu près entièrement appli-
cable au *Chien normand*. Notons toutefois que la

Chien courant Gascon.

tête de celui-ci est plus massive et plus courte ;
l'œil est plus gros ; le pelage est gris brun ou
tricolore et gris brun. Les autres caractères —
forme du crâne, port et longueur des oreilles,
renversement des paupières inférieures, grandeur
des babines, développement du fanon — sont
absolument les mêmes que ceux du chien de

Saint-Hubert. Le chien normand est lui aussi à peu près disparu.

Le *Foxhound* se distingue du chien normand par une tête fine et mince, à peine plissée, par un crâne plus large mais moins haut, par des oreilles moins longues. Les paupières inférieures ne sont jamais renversées en dehors, le fanon est toujours absent, les babines sont peu pendantes.

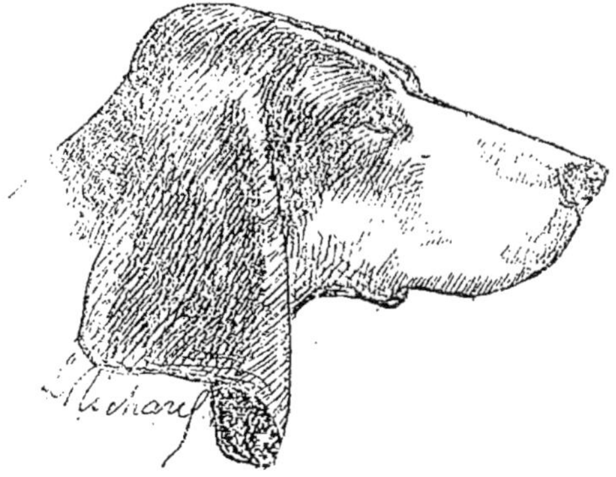

Chien Saintongeois.

Ce parallèle établi nous allons énumérer les différentes races de chiens courants français et anglais.

Les anciens chiens gascons, saintongeois, poitevins, vendéens, avaient la tête moins plissée, les paupières moins tombantes, le fanon moins développé que le Saint-Hubert. La couleur du pelage est à peu près le seul caractère qui permette de différencier ces races les unes des autres.

Le gascon était bleu, avec taches noires, marqué de feu au-dessus des yeux ; le saintongeois était blanc tacheté de noir et marqué aussi de feu au-dessus des yeux ; le poitevin tricolore ; le vendéen blanc et fauve. Dans toutes ces races la taille est supérieure à 60 centimètres.

Les Briquets sont les diminutifs de ces grands

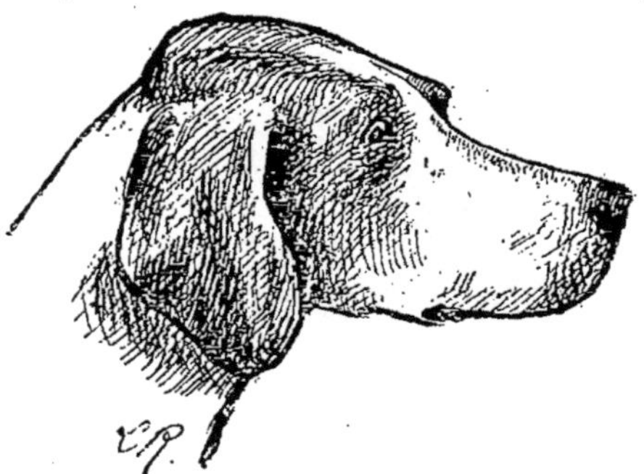

Foxhound.

chiens courants français. Nous ferons entrer dans cette catégorie le chien franc-comtois ou chien de porcelaine, blanc et fauve, dont la taille est inférieure à 60 centimètres.

Les chiens courants anglais modernes diffèrent de nos anciennes races autant par leurs formes que par leur caractère. A ce dernier point de vue le contraste est même plus frappant. Tandis que le chien de Saint-Hubert, de même que ses descendants les plus directs, est d'une nature lourde, lente ; le chien anglais est vif et très rapide. Pendant la chasse, les chiens courants de nos races françaises donnent de la voix, les chiens courants anglais restent à peu près muets.

Nous avons donné plus haut la description du Foxhound ; nous ne nous étendrons pas davantage sur ce chien.

Les *Harriers* ne sont que les diminutifs des *Foxhound;* ils correspondent comme taille à nos Briquets français.

Quant au *Beagle*, chien courant anglais de toute petite taille, il tient le milieu entre le Foxhound et le chien normand. D'ailleurs le Beagle a beaucoup d'analogie avec le Basset français qui, lui, est certainement issu du chien normand.

J'ai sous les yeux le portrait du Beagle anglais Champion Ring-Wood ; sa tête forte, ses yeux gros, ses babines tombantes, son fanon très développé, ses membres robustes lui donnent bien plus l'apparence d'un chien près du sang normand que d'un chien du type Foxhound.

Le pelage du Beagle est tricolore.

68 A   **Braques Français et Pointers.**

De taille assez variable — 45 à 62 c/m. — les Braques et les Pointers sont les chiens d'arrêt à poil ras. Leurs oreilles sont longues et pendent le long des joues ; les babines sont bien fournies et sont le plus souvent tombantes.

Braque Français.

Les vieux Braques français (Braques du Midi) sont plutôt lourds ; leur tête est forte et carrée ; leurs oreilles longues, grasses, attachées haut, s'écartent de la tête à leur base, puis forment nettement un pli pour tomber le long de la tête ; elles sont un peu plissées. Ces chiens ont un fanon plus ou moins développé et possèdent généralement un ergot aux membres postérieurs.

Le Braque anglais actuel ou Pointer est au contraire très élégant de formes ; la tête est effilée sans pourtant ressembler à celle du Levrier : une cassure très marquée existe d'ailleurs à la limite du front et du nez, mais elle est moins accusée que chez les Braques. Les oreilles, attachées bas, sont modérément longues ; elles sont fines et sans former d'angle à leur base, pendent aplaties sur les joues. Les Pointers n'ont jamais de fanon et sont toujours dépourvus d'ergot aux membres postérieurs.

Pointer.

Entre le Braque du Midi et le Pointer prennent place nombre de races qui se rapprochent plus ou moins de ces deux types.

Citons comme très près du sang vieux braque :

1° Le Braque à queue écourtée du Bourbonnais (blanc tacheté de marron ou de fauve).

2° Le Braque à queue écourtée de l'Ariège ; il résulte — soit du croisement du Braque du Midi avec le Saint-Germain ; dans ce cas, sa robe est blanc tacheté de marron ou jaune — soit du croi-

sement de ce même Braque du Midi avec le
Pointer noir ; il est alors blanc moucheté de noir.

3° Le Braque bleu d'Auvergne (blanc truité et
tacheté de noir).

Deux races : le Saint-Germain et le Braque
Dupuy, ce dernier surtout, se rapprochent davan-

Chien d'arrêt.

tage des Pointers, au point de vue de la conformation générale ; toutefois leur tête a conservé à
peu près tous les caractères distinctifs des Braques français.

Le Saint-Germain est blanc et orange ; le Braque Dupuy blanc et marron. Quant à la robe du
Pointer elle est des plus variées : pie-marron,
noire, etc.

Dalmatien ou petit Danois.   69 B

C'est un chien de taille un peu au-dessous de
la moyenne, aux formes élégantes ; mais bien
musclé. Son pelage blanc mat, constellé de taches

ou de mouchetures très régulièrement disposées
sur tout le corps, est très caractéristique. La tête
est longue, les yeux sont foncés et intelligents.
Les babines ne sont pas pendantes. Les oreilles
sont de longueur moyenne, même plutôt petites
et tombent très près de la tête. Le bord des
paupières et le bout du nez sont de couleur très
foncée.

Couleurs : blanc constellé de taches noires ou
brunes. Hauteur de 40 à 45 centimètres.

Dogue allemand ou grand Danois.   71 A

C'est un animal solidement bâti, de stature non
moins imposante que le Dogue anglais, mais
de formes plus élégantes. La tête est lon-

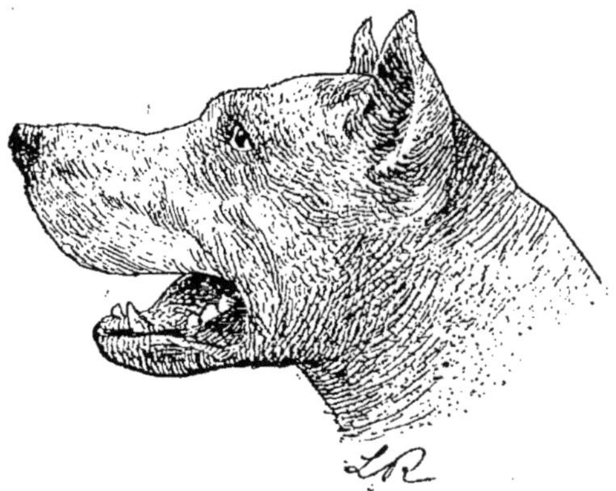

Danois (d'après DIE DEUTSCHE DOGGE).

gue, trop longue même chez certains sujets ; l'extrême brièveté du museau n'est pas moins défec-
tueuse : la tête du Grand-Danois ne doit rappeler
ni celle du Levrier, ni celle du Mastiff. En tout
cas, les babines ne doivent pas être pendantes.
Quant au cou, il le faut fort et en même temps
allongé ; la musculature et la bonne proportion
des membres s'imposent; la queue atteindra au
maximum la pointe des jarrets, ceux-ci d'ailleurs
seront bas et en cela la conformation du Danois
se rapproche de celle du levrier. Qu'elles soient
rognées pour se terminer en pointe effilée, comme
continuent à le prescrire les Allemands, ou entières et tombant contre les joues, comme le
veulent les Anglais, les oreilles du Danois seront
attachées haut. La hauteur des plus beaux types
de cette race n'est guère inférieure à 90 c/m.

Couleurs : la robe est gris bleu, ou fauve, ou
bringée, ou blanche tachetée de noir, dans ce dernier cas le Grand Danois est appelé Arlequin.

Défauts : tête trop longue ou trop massive,
jarrets coudés et déviés en dehors, queue trop
longue ou relevée en crochet.

72 B   **Terrier anglais.**

Les Terriers anglais sont des chiens d'une élégance et d'une légèreté remarquables; leur conformation dans certaines parties du corps rap-

pelle celle de la Levrette. Celle-ci est visiblement d'ailleurs l'un des éléments qui ont servi à créer la race qui nous occupe. Quoique longue et étroite la tête du Terrier anglais est dans son ensemble bien moins effilée que celle de la Levrette ; au surplus elle n'est pas aussi plate : on constate en effet chez le Terrier anglais qu'une légère cassure

Terrier Anglais.

existe à la limite du front et du nez. Intactes, les oreilles tombent en avant, ou sont demi-repliées ou sont rigides ; rognées elles doivent être effilées et portées droites. La queue sera droite et finira graduellement en pointe. La taille des Terriers anglais ne dépasse guère 40 c/m.

Couleurs : blanc uniforme (Terrier anglais blanc) ou noir et feu (Terrier anglais black and tan). Pour cette dernière variété, l'emplacement et la netteté des taches ont une grande importance :

il faut une tache au-dessus de chaque œil, une autre sur chaque joue. Les jambes de devant sont acajou jusqu'au genou avec une tache noire au-dessous de celui-ci ; chaque doigt sera marqué d'une ligne noire.

Défauts : oreilles rejetées en arrière ; queue décrivant une courbe ; mâchoire supérieure et mâchoire inférieure d'inégale longueur.

Toy-Terrier.

Le Toy-Terrier, chien de salon, est le diminutif du Terrier anglais. Comme dans toutes les races naines, le crâne est arrondi ; de sorte que la tête des Toy-Terriers est moins aplatie que celle des Terriers anglais proprement dits. Leurs yeux sont en outre plus proéminents. Le poids des Toy-Terriers doit être aussi faible que possible : il varie entre 3 livres et demie et 5 livres.

Couleurs : Noir et feu, blanc uniforme, gris ardoisé.

Ajoutons que les Toy-Terriers, de même que les Levrons, sont souvent atteints d'une chûte de leur poil sur presque tout le corps. Cette particularité, qui n'est qu'une preuve de dégénérescence, est même généralement héréditaire. On a donné à tort le nom de chiens de la Chine aux Levrettes qui sont absolument dépourvues de poils; les Terriers nus sont appelés chiens turcs ou chiens de Barbarie, voir 74 *B*.

73 A   **Terrier-Bull.**

Le croisement des Terriers anglais avec les Bull-dogs donne des métis qui se rapprochent plus ou moins de l'une de ces deux races de

Terrier-Bull.

chiens. Laissant de côté les métis près du sang Bull-dog qui ne peuvent prendre rang ici, en raison de leur face courte, nous ne nous occuperons que de ceux qui ont au moins deux tiers de sang Terrier anglais. Les chiens de cette sous-race ont la tête allongée mais large, du moins entre les oreilles ; la face étroite (museau fin) ; les mâchoires longues et exactement en face l'une de l'autre ; les membres musculeux et solidement bâtis ; la queue grosse à son origine mais effilée à son extrémité. La couleur est presque exclusivement le blanc pur.

73 B   Fox-Terrier.

Le Fox-Terrier est un chien de taille plutôt petite ; agile, vigoureux, bien musclé, sans lourdeur. La tête, généralement tricolore, est étroite et effilée ; les oreilles, très fines, tombent le long des joues de telle sorte que leur bord antérieur est obliquement dirigé en avant et en bas ; la queue, toujours écourtée des deux tiers, est portée haut ; mais non pas sur le dos. C'est le blanc qui domine dans la robe du Fox-Terrier ; quant aux deux autres couleurs on les retrouve généralement sur le dos ; les taches qu'elles forment sur la tête et sur les oreilles doivent être symétriquement disposées.

Défauts : nez blanc, brun ou tiqueté (il doit être
uniformément noir) ; port des oreilles autre que
celui indiqué plus haut ; mâchoire inférieure et

Fox-Terrier.

mâchoire supérieure d'inégale longueur ; membres grêles ou trop secs.

Levrette nue du Levant   74 B
ou Chien Chinois.

Cette Levrette improprement appelée Chien
Chinois provient de l'Asie-Mineure. La tête du
Chien nu du Levant est moins allongée que celle
de la Levrette d'Italie ; ses membres sont également moins grêles. Sauf le sommet du crâne et

l'extrémité de la queue qui sont garnis le plus souvent de soies raides, tout le corps est dépourvu de poils : la peau est absolument glabre et en même temps ridée.

Il y a d'autres chiens nus que la Levrette du Levant, mais l'absence de poils ne provient alors que de leur chûte complète à la suite d'une affection cutanée. Les Levrons d'Italie et les petits Terriers anglais sont sujets à une alopécie constitutionnelle.

Levrette Italienne. 76 A

La Levrette est le diminutif du Levrier anglais; elle a les mêmes caractères que celui-ci : tête allongée à profil rectiligne ; yeux grands, regard timide ; membres grêles et nerveux ; haute poi-

Levrette.

trine; ventre retroussé. La robe doit toujours être d'une couleur uniforme : toute tache blanche est un défaut capital.

Les couleurs préférées sont : le gris, le blanc et le fauve. Une Levrette ne doit pas peser plus de neuf livres.

Levrier anglais ou Greyhouna.   **78 A**

D'une superbe élégance, ce levrier anglais est un chien à poil ras. L'extrême longueur de ses membres lui donne une vélocité incomparable et le rend éminemment propre à la chasse au lièvre.

Levrier Anglais.

Sa tête effilée à profil rectiligne est ornée d'oreilles petites, souples, repliées, rejetées en arrière, quand l'attention n'est pas éveillée. La poitrine est étroite, mais très haute ; le ventre est retroussé, les jarrets très près de terre, la queue mince et grêle. Le Greyhouud est généralement fauve ou bringé ; le plus souvent, les extrémités sont de couleur plus foncée ; il n'est même pas rare qu'elles soient noires.

78 B   Levrier d'Algérie ou Sloughi.

Le Sloughi et le Greyhound ont une conformation à peu près analogue ; les oreilles du Sloughi sont un peu plus longues. Le pelage de ce Levrier est en général plus clair que celui de son congénère anglais. Les sujets les plus estimés sont blanc laiteux ou fauves.

79 A   Levrier d'Écosse ou Deerhound.

Ces chiens qui sont devenus très rares, ont à peu de chose près la conformation générale du Levrier anglais ; leur charpente osseuse est cependant plus solide. La différence réside essentiellement dans la nature du pelage, le levrier anglais est un chien à poil ras, tandis que le Levrier d'Écosse a tous les caractères d'un griffon : poils durs et hérissés, sourcils proéminents, moustaches et barbiche. La couleur préférée est le gris ardoisé ou bleuté.

79 B   Levriers russes.

La conformation générale des Levriers russes rappelle absolument celle des autres Levriers. Le pelage de ces chiens est fin et soyeux sur le corps ; quant à la tête, elle est entièrement rase. Il y a

deux variétés principales de levriers russes : le
Barzoï, ou levrier russe à poil long et ondulé, et,
le levrier circassien, ou levrier russe à poil demi-
long et presque droit. La tête étroite et effilée
du Barzoï émerge d'un corps dont les formes élégantes sont un peu dissimulées par une fourrure
composée de poils d'une extrême longueur, surtout autour du cou et au bord postérieur de la
fesse. Les oreilles mi-couchées sont fort petites

Barzoï.

et très fines. La queue est pendante, mais elle est
relevée en crochet à son extrémité.

Le blanc doit dominer dans la robe du Barzoï.

Le levrier circassien, ou levrier russe à poil
demi-long, a la tête moins étroite, les oreilles
moins petites, la queue moins longue que le

Barzoï. Enfin, son poil au point de vue de la longueur, est comparable à celui du Setter ; de maigres festons existent en arrière des cuisses et des avant-bras.

La couleur de la robe est très variable ; mais le blanc y domine rarement.

BIBLIOGRAPHIE

Dalziel. — *British Dogs.*
Dechambre. — *Classification des races canines.*
Lee. — *Modern Dogs.*
Mégnin. — *Les Races de Chiens.*
Reul. — *Les Races de Chiens.*
Salis (de). — *Dogs.*
Shaw. — *The illustraded book of the dog.*
Stonehenge. — *The Dogs of the British Islands.*

DEUXIÈME PARTIE

CHAPITRE PREMIER

ÉLEVAGE, HYGIÈNE, ALIMENTATION
DES JEUNES CHIENS

Jusqu'à ce qu'ils aient un mois, les petits ne réclament d'autre nourriture que le lait que leur fournit leur mère; mais à partir de ce moment, pour ne pas épuiser celle-ci, si la portée est nombreuse, on pourra leur présenter un peu de lait de vache (1).

Depuis le sevrage, qui ordinairement a lieu vers six semaines, jusqu'à ce que l'éruption des dents de remplacement soit accomplie, c'est-à-dire jusqu'à ce qu'ils aient atteint six mois, les jeunes chiens seront nourris presque exclusivement avec du laitage et des bouillies faites avec de la farine de gruau.

---

(1) Le lait de chienne diffère notablement, comme composition, du lait de vache. En delayant dans ce dernier une petite quantité de cervelle bien bouillie et réduite en pâte, on obtient un aliment à peu près comparable au lait de chienne.

L'adjonction de cervelle de veau ou de mouton
bien cuite, sera une excellente chose. C'est
là un aliment à la fois très nutritif et de facile
digestion. La cervelle contient d'ailleurs des
phosphates qui sont des plus utiles pour assurer le développement régulier de la charpente
osseuse des jeunes animaux.

A partir de trois mois, de la viande commen-
cera à être donnée aux jeunes chiens ; mais ce
n'est qu'à un an que les laitages seront tout à fait
abandonnés pour faire place aux deux patées
quotidiennes qui constituent l'alimentation des
chiens adultes.

Il est de toute nécessité que les jeunes chiens
aient une nourriture fortifiante et substantielle.
C'est à cette seule condition qu'on peut mettre leur
organisme en état de lutter contre la *maladie*
qu'ils contractent généralement au moment de
l'éruption des dents de remplacement. Cette
affection si terrible pour les jeunes chiens malin-
gres, passe au contraire souvent inaperçue chez
ceux qui sont soumis à un régime alimentaire
rationnel.

Il sera donné souvent à manger aux jeunes
chiens, au moins cinq fois par jour. La poudre
de phosphate de chaux dont on saupoudre les
aliments, et, l'huile de foie de morue. sont
indispensables lorsque le système osseux ne se

développe pas normalement et que les membres ont tendance à se dévier en dehors (rachitisme)·

Il n'y a pas que la *maladie* qui soit redoutable pour les jeunes chiens ; les vers intestinaux qu'ils hébergent souvent sont, eux aussi, une des causes les plus fréquentes de mortalité.

Chaque fois qu'un jeune chien a un ventre d'une grosseur anormale, on doit craindre la présence de vers dans les intestins (Pour le traitement se reporter au paragraphe intitulé Vers).

CHAPITRE II

ALIMENTATATION ET HYGIÈNE
DES CHIENS ADULTES

La question de l'hygiène alimentaire des chiens adultes a donné lieu à bien des controverses. Quelques-uns s'appuyant sur ce fait que le chien a la dentition d'un carnassier, soutiennent que sa nourriture doit se composer presque exclusivement de viande ; la plupart conseillent un régime alimentaire mixte ; cependant certains prohibent toute addition de viande à la ration de l'animal, ne donnant à celui-ci que des pâtées composées de pain, de farineux et de légumes verts.

Les partisans du régime carné exclusif si irréfutable qu'au premier abord puisse paraître leur raisonnement, ne sont pas dans le vrai. Le chien a la dentition d'un carnassier, sans doute ; mais c'est un animal domestique, et par suite la nourriture qui doit lui être offerte est nécessairement différente de celle qu'instinctivement il rechercherait.

RATIONS

On sait qu'un aliment complet doit se composer :

1° De substances azotées telles que la viande sans graisse, l'albumine, le gluten ;

2° de substances grasses ;

3° de substances féculentes ou sucrées.

L'association des substances grasses ou des substances féculentes aux substances azotées est indispensable dans l'alimentation de l'homme. Il n'en est pas absolument de même pour l'alimentation du chien. Cet animal peut-être exclusivement nourri avec de la viande privée de graisse ; mais il lui en faut une quantité énorme. Lorsque le régime est exclusivement carné, la ration d'entretien d'un chien de taille moyenne est égale en grammes à 48 fois le nombre de kilogs exprimant le poids de l'animal, soit 1,200 gr. de viande pure pour un chien de 25 kilogs (MUNK). Ce régime est non seulement coûteux, mais il est dangereux pour le chien qui y est soumis, l'accumulation dans l'organisme des dérivés biochimiques des substances azotées, ingérées en excès, entraînant une prédisposition aux maladies de peau et aux affections rhumatismales. Il est vrai qu'en ajoutant une certaine quantité de graisse à la viande on peut diminuer notablement la proportion de celle-ci.

Le chien de 25 kilogs dont la ration d'entretien se compose de 1,200 gr. de viande pure, reste en bon état avec une nourriture contenant 800 gr. de viande et 70 gr. de graisse (MUNK).

Mais il convient de faire remarquer que les substances grasses sont d'une digestion difficile et qu'on doit le moins possible y avoir recours pour alimenter les chiens adultes.

Nous nous trouvons donc amené à dire que l'association des substances azotées, des substances grasses et des substances féculentes est aussi indispensable pour le chien domestique que pour l'homme.

L'aliment le plus répandu qui contient à la fois ces trois sortes de substances, est le pain.

Quelle est la quantité de pain dont doit se composer la ration d'entretien d'un chien de moyenne taille ?

Je l'évalue en grammes à 22 fois 3/4 le nombre de kilogs représentant le poids de l'animal. Un chien de 30 kilogs qui n'est soumis à aucun travail musculaire, conserve un poids constant en ingérant 680 grammes de pain environ. Ce coefficient de 22 3/4 est trop élevé pour les chiens de grande taille et trop faible pour ceux de petite taille. Dans le premier cas il faut faire usage du chiffre 18 et dans le second du chiffre 27.

Reste à déterminer la ration supplémentaire qui doit compenser les pertes produites par le travail auquel est soumis l'animal.

Nous ne pouvons songer à augmenter de beaucoup la quantité de pain ; nous surchargerions l'estomac de l'animal. L'observation et l'expérience démontrent en effet que le poids des substances solides ingérées ne doit guère dépasser le 1/40 du poids du corps pour les chiens de grande taille, le 1/30 pour ceux de moyenne taille et le 1/20 pour ceux de très petite taille. C'est donc surtout la viande (1) qui nous fournira l'appoint nécessaire pour établir la ration complète (2).

Mais celle-ci doit varier à la fois suivant la

---

(1) Viande de cheval, viande de bœuf maigre ou foie de veau.

(2) Chez l'homme au contraire la ration supplémentaire destinée à réparer les dépenses faites par l'organisme soumis à un travail considérable, doit être presque exclusivement composée de substances féculentes ou sucrées.

taille du chien et suivant la nature du travail auquel il est soumis.

A ce point de vue il convient de répartir les chiens en trois classes :

1° Ceux dont l'effort musculaire est presque nul (chiens d'appartement) ;

2° Ceux qui accomplissent un travail modéré (chiens de berger, chiens de chasse au repos, chiens de garde) ;

3° Ceux qui sont en plein travail (chiens d'arrêt et chiens courants, les jours de chasse).

Le tableau suivant donne les coefficients par lesquels il faudra multiplier le poids de l'animal exprimé en kilogs pour obtenir en grammes le poids de diverses rations d'entretien et de travail.

	Grande taille	Moyenne taille	Petite taille
RATION d'entretien.	Pain **18** Viande **0** (Calories 40)	Pain **22 3/4** Viande **0** (Calories 50)	Pain **27** Viande **0** (Calories 60)
RATION pour travail très faible.	Pain **18** Viande **2,5** (Calories 42,75)	Pain **22 3/4** Viande **3** (Calories 56,6)	Pain **27** Viande **3,5** (Calories 64)
RATION pour travail modéré.	Pain **18** Viande **5** (Calories 45,5	Pain **22 3/4** Viande **6** (Calories 56,6)	Pain **27** Viande **7** (Calories 67,7)
RATION pour plein travail.	Pain **22,5** Viande **9** (Calories 60)	Pain **28.5** Viande **11,4** (Calories 75)	Pain **34** Viande **13,7** (Calories 90)

Le pain normal que nous avons pris comme type, contenant une plus grande quantité d'eau que le pain desséché, est à poids égal moins nutritif que celui-ci.

Pour les petits chiens, le pain peut être remplacé par des biscuits à la cuiller ou des biscuits secs anglais (Huntley). A poids égal ces derniers sont une fois plus nourrissant que le pain. La valeur nutritive des biscuits à la cuiller est intermédiaire entre celle des biscuits secs et celle du pain. Le poids de la viande est établi avant la cuisson. si les pesées sont effectuées après, on devra tenir compte de la condensation de la viande Il suffira d'ailleurs de diminuer d'un tiers le coefficient établi pour la viande crue pour obtenir celui qui doit être employé s'il s'agit de viande bouillie ou rôtie.

EXEMPLES DE RATIONS

Ration d'un Saint-Bernard (chien de garde) pesant 65 kilogs :

Pain........ $18 \times 65 = 1,170$ grammes
Viande...... $5 \times 65 =$ 325   —

Ration d'un chien de chasse en plein travail et pesant 30 kilogs :

Pain........ $28.5 \times 30 = 855$ grammes
Viande...... $11.4 \times 30 = 342$ —

Il est préférable de diviser la ration alimentaire de façon à en donner une partie le matin et le reste le soir.

Seule la viande de cheval peut être donnée crue; les abats (foie, cervelle) seront particulièrement bien cuits.

En terminant disons qu'il est bon, de temps en temps. de remplacer une partie du pain ou de la viande par des légumes verts.

BISCUITS

On emploie depuis longtemps en Angleterre, pour l'alimentation des chiens, des biscuits spéciaux. La marque la plus appréciée, le biscuit de spratt, n'a pas tardé à se répandre chez nous. De fait, ces biscuits constituent pour les chiens adultes une alimentation à la fois hygiénique et peu coûteuse.

A ce double titre ils sont tout à fait recommandables pour les chiens de garde de forte taille. Chaque biscuit pèse environ 150 grammes. La ration quotidienne varie, suivant le poids des animaux, entre un et six biscuits ; un biscuit pour un petit Fox-Terrier, six biscuits pour un Mastiff. Les chiens de moyenne taille (Pointers et Setters), recevront de trois à quatre biscuits par jour.

MANTEAUX

Certains chiens, prédisposés aux affections respiratoires, de même que ceux dont le poil est trop rare pour qu'ils soient suffisamment protégés contre le froid, doivent porter des manteaux en hiver. Ces vêtements sont en particulier indispensables aux chiens nus, aux levrettes et aux petits terriers dont le poil ras est parfois insuffisamment serré sur certaines régions du corps.

Il n'y a pas longtemps encore la confection de

ces manteaux restait la spécialité de quelques rares maisons; on en trouve aujourd'hui très facilement. Le principal est que leur forme permette de garantir les régions au-dessous desquelles sont logés les organes respiratoires. Les modèles de la maison d'articles de chasse « à Saint-Hubert » (1) sont à ce point de vue irréprochables.

On doit en tout cas, par des soins appropriés, maintenir le pelage des chiens en bon état.

Si l'on a soin de brosser ou de peigner les chiens avant de les sortir, on désagglutinera leurs poils et par suite on mettra la robe ou la toison en mesure de mieux remplir son rôle protecteur.

Cette recommandation, bien entendu, s'applique surtout aux chiens que leur petite taille rend particulièrement délicats.

En hiver on lavera les chiens le moins souvent possible; on se contentera de passer sur le poil et sur la peau, une éponge légèrement imbibée d'une solution faible de Crésyl.

BIBLIOGRAPHIE

Bunge, — *Chimie biologique.*
Kœnig. — *Chemie der Nahrungs.*

---

(1) Voir l'adresse aux annonces.

TROISIÈME PARTIE

PREMIERS SOINS A DONNER EN CAS DE MALADIE
CONSEILS DIVERS

AMAIGRISSEMENT

L'amaigrissement provient le plus souvent : 1° de la débilité consécutive à la maladie des jeunes chiens; 2° de la présence de vers dans l'intestin; 3° de la phtisie pulmonaire. Il est indispensable de déterminer la cause exacte; d'autant plus que la phtisie étant une maladie contagieuse, la possibilité de transmission de cette affection, du chien à l'homme, n'est pas niable. L'épreuve par la tuberculine, rendue maintenant obligatoire pour l'espèce bovine, permet au praticien d'assurer si un animal a, ou n'a pas, de lésions tuberculeuses, et cela sans aucun contrecoup sur la santé de cet animal. Il serait à désirer que l'épreuve par la tuberculine se généralisât pour l'espèce canine.

BRONCHITE CHRONIQUE, ASTHME
HYPERTROPHIE DES GANGLIONS
DES BRONCHES

Ces trois affections ont beaucoup d'analogie au point de vue des symptômes les plus évidents. Elles sont caractérisées par des quintes de toux qui se terminent ordinairement par un vomissement de glaires. Le traitement est long et ne peut être institué que par un vétérinaire.

CONSTIPATION

On aura recours à l'huile de ricin ou à la magnésie calcinée.

CRISES EPILEPTIFORMES
CONVULSIONS ET RAGE

L'épilepsie vraie est presque incurable, mais elle est assez rare; les crises qui la simulent d'une manière frappante sont au contraire des plus fréquentes chez les jeunes animaux; elles n'ont rien de commun avec les accès furieux de la rage, bien que le public regarde souvent comme enragés les chiens qui sont affolés par des névralgies déterminées par l'éruption des dents de

remplacement ou qui se débattent dans les convulsions occasionnées par les vers intestinaux (1).

La rage ne se déclare pas aussi brusquement;
elle est toujours précédée d'un changement dans
le caractère et les habitudes de l'animal (tristesse,
recherche de l'obscurité). Au reste la voix du chien
enragé est tout à fait caractéristique. Au lieu de
l'aboiement normal *bref, répété* et toujours *mo-
tivé*, le chien atteint de rage furieuse fait
entendre *de temps en temps*, même *sans provo-
cation*, un hurlement *grave, prolongé, un peu
enroué et terminé par une note courte et aiguë*.

Ce signe typique manque bien entendu dans la
rage mue; mais sous cette dernière forme la terrible maladie est bien reconnaissable; l'animal
a la gueule béante et il ne peut rapprocher ses
mâchoires.

Les crises de fausse épilepsie et les convulsions
seront calmées par les bromures.

Pour les vers intestinaux, voir le traitement
plus loin.

DANSE DE SAINT-GUY OU CHORÉE

Cette affection nerveuse, difficilement curable,
est le plus souvent consécutive à la maladie du

---

(1) Ces troubles nerveux se manifestent parfois un peu après
l'éruption complète des dents de remplacement et en l'absence
de tout parasite intestinal. N'auraient-ils pas alors pour origine le développement des organes géminés de la génération?

jeune âge. Elle est caractérisée par des contrac-
tions musculaires incessantes. On a conseillé de
plonger rapidement les animaux dans l'eau froide
chaque matin. Les valérianates d'ammoniaque, de
zinc ou de fer à la dose de 0 gr. 08, matin et soir,
pour un chien de moyenne taille, m'ont souvent
donné de bons résultats.

DIARRHÉE

Elle est le résultat d'une inflammation des
intestins déterminée par un refroidissement ou
par l'ingestion de substances alimentaires moi-
sies ou avariées. Mettre des couvertures chaudes.
sur le ventre et recourir de suite à l'administration du sous-nitrate de bismuth (suivant la
taille de 0 gr. 25 à 1 gr. toutes les 2 heures). Le
vétérinaire appelé complètera la médicamentation.

JAUNISSE

Elle est caractérisée par la coloration jaune du
blanc des yeux, des muqueuses et de la peau du
ventre. C'est une des plus graves maladies du
chien. Tenir l'animal bien chaudement. Un vétérinaire doit être mandé sans retard. La pilocar-
pine et la boldine sont les médicaments qui sem-
blent avoir donné les meilleurs résultats.

MALADIES DE PEAU

Les maladies de peau sont si nombreuses chez le chien et en même temps si difficiles à différentier pour tous ceux qui n'ont pas fait d'études spéciales sur ce sujet qu'il serait vraiment inutile de les décrire en détail. Il nous suffira de dire que les plus fréquentes sont : 1° l'eczéma (dartres — catarrhe et ulcération de l'oreille— ulcération de la queue) ; 2° les gales (gale sarcoptique — ou bénigne — et gale folliculaire — généralement regardée comme incurable) ; 3° les teignes (favus et trichophyties).

Cette énumération bien que longue est encore incomplète ; c'est dire qu'il ne peut y avoir de topique qui réussisse pour toutes les maladies de peau, comme la lecture des prospectus accompagnant certains onguents pourrait le faire croire.

MALADIES AIGUES DES VOIES RESPIRATOIRES

La sensibilité de la gorge à la pression et l'écoulement de filets de salive (laryngite) ; un jetage grisâtre et une toux rauque (bronchite) la brièveté de l'expiration et le mouvement de va-et-vient des babines (pneumonie) ; la brièveté de l'inspiration et la sensibilité des parois costales (pleurésie) sont les symptômes qui caractérisent

les maladies des voies respiratoires les plus fréquentes. Il faut en tout cas commencer par amener
une révulsion à l'exérieur. On arrivera à ce résultat en appliquant de la teinture d'iode sur la
peau au niveau de la région atteinte (gorge pour
la laryngite, thorax pour les autres maladies).

MORSURES FAITES PAR DES CHIENS INCONNUS OU SUSPECTS

Un chien peut être mordu par un congénère
dont l'identité ne peut être établie. On doit
alors considérer celui-ci comme suspect. La première chose à faire est, si le siège de la blessure
le permet, d'arrêter momentanément le cours
du sang au-dessus de la région intéressée.
En tout cas on tentera toujours de favoriser
l'hémorragie. On se hâtera de laver la blessure à
grande eau. Certaines substances jouissent de
la propriété de détruire la virulence de la salive
rabique. C'est à elles que l'on recourrera le plus
vite possible pour lotionner la plaie. D'après les
expériences de De Blasi, le Crésyl stérilise très
rapidement la salive virulente. A défaut, on
pourra employer le jus de citron, l'essence de
térébenthine ou une solution iodée, substances
également très efficaces en pareil cas. L'eau phé-
niquée n'a aucune action neutralisante ; son
emploi est donc à déconseiller.

OBÉSITÉ

L'obésité, si fréquente chez les chiens âgés, semble avoir pour cause principale un arrêt fonctionnel (1) ou une dégénérescence des organes glandulaires en général et du corps thyroïde en particulier. Les iodures, qui ont une action si marquée sur toutes les glandes, réussissent souvent à amener l'amaigrissement des chiens trop gras. L'absorption d'extrait organique de glande thyroïde est aussi, comme on l'a reconnu récemment, très efficace contre l'obésité. Il faudra en outre bien entendu remédier, s'il y a lieu, au défaut d'exercice ou à une alimentation trop riche en substances grasses, féculentes ou sucrées.

RHUMATISME

Les vieux chiens, sont assez souvent atteints de rhumatisme musculaire. Le salicylate de soude donne généralement d'assez bons résultats ; mais avant d'y recourir il faut être certain que les reins de l'animal fonctionnent bien. Si le salicylate n'est pas éliminé, de graves accidents sont à craindre. Dans le cas où ce médicament se

---

(1) Il est à remarquer que les chiens qui ont le cou court (les carlins, par exemple), sont généralement sujets à devenir prématurément obèses. Cette conformation entraîne peut-être une gêne fonctionnelle de la glande thyroïde.

montre inefficace, je conseille un traitement à la teinture de colchique et à l'acétate d'ammoniaque. Cette médicamentation combinée amène une guérison presque immédiate. J'ajouterai que l'acétate d'ammoniaque peut être considéré comme un spécifique pour tous les troubles circulatoires d'origine rhumatismale ou névralgique. A ce titre dans certaines iritis, chez l'homme tout au moins, il a comme, je l'ai prévu et comme j'ai pu le constater une action remarquable.

VOMISSEMENTS

Les vomissement sont généralement le résultat d'une inflammation de l'estomac (Gastrite). On les arrêtera par l'administration d'eau de seltz, par cuillerées à café ou par cuillerées à soupe suivant la taille de l'animal. Un régime alimentaire approprié et une médicamentation qui varie suivant la gravité de la maladie, sont indispensables pour amener une guérison rapide.

La toux, dans la bronchite chronique, est souvent suivie de vomissements. C'est cette bronchite qui doit alors être traitée.

VERS ET VERMIFUGES

Les chiens sont susceptibles d'avoir deux sortes de vers : 1º des vers ronds et crochus appelés ascarides; 2º des vers plats ayant l'apparence de rubans dentelés ou festonnés, et nommés ténias ou vers solitaires.

Comme un chien peut à la fois donner asile à des vers ronds et à des vers plats, il y a grand avantage à recourir à un médicament qui soit capable d'expulser les uns aussi bien que les autres.

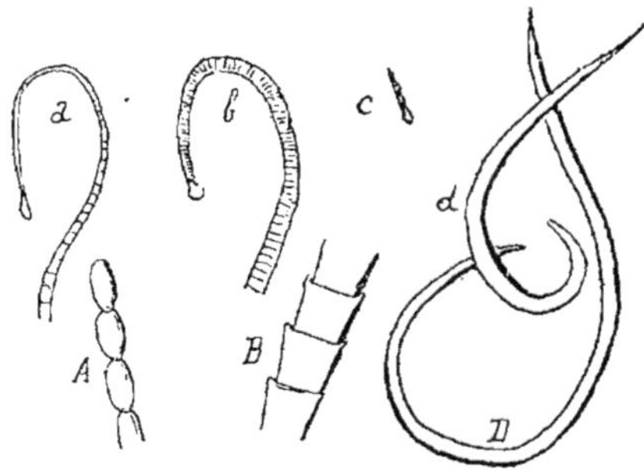

Les vers du chien

a Tenia canina ou ver en forme de ruban festonné (tête).
A   —   —   —   (derniers anneaux).
b Tenia commun ou ver en forme de ruban dentelé (tête).
B   —   —   —   (derniers anneaux).
c Tenia minuscule.
d, D Ascarides ou vers ronds et crochus.

Or le semen-contra et la santonine ne sont efficaces que contre les vers ronds ; la fougère mâle, le kousso, les graines de courge, le kamala et l'écorce de racine de grenadier n'ont guère d'action que sur les vers plats.

La noix d'Arec remplit bien les conditions

requises ; mais elle a le grave inconvénient d'être d'une efficacité très variable. Très active quand elle est fraîche, elle perd, en grande partie, ses propriétés quand elle est préparée depuis quelque temps.

La pâte vermifuge que j'emploie se conserve au contraire presque indéfiniment et lorsqu'on y a recours on peut être assuré qu'une heure et demie, deux heures au plus après son administration, le chien expulsera les parasites auxquels il donne asile.

A volume égal cette pâte est au moins une fois plus active que la poudre fraîche de noix d'Arec. La forme sous laquelle est préparé ce vermifuge, rend l'administration très facile. Il suffit d'ouvrir la gueule du chien et de déposer sur la base de la langue la quantité convenable de pâte ; l'animal avale celle-ci sans aucun dégoût, bien au contraire.

Le chien restera à jeun depuis la veille au soir du jour où l'on donnera le vermifuge et le jeûne ne sera rompu qu'au bout de 18 heures. Pendant ce laps de temps, de l'eau seulement sera laissée à la disposition de l'animal.

BIBLIOGRAPHIE

Cadiot. — *Tuberculose du chien.*

Mégnin. — *Le chien.*

Nocard et Leclainche. — *Maladies microbiennes.*

CONSEILS DIVERS

ADMINISTRATION DES MÉDICAMENTS

Il ne faut jamais brusquer un chien pour lui faire prendre des médicaments. S'il s'agit de pilules, à moins d'indication contraire, on les dissimulera dans un petit morceau de viande.

Pour administrer une potion il est inutile d'ouvrir la gueule. Il suffit de faire maintenir la tête du chien verticalement et de tirer en dehors la commissure des lèvres. On forme ainsi entre les dents et la joue, un espace libre dans lequel on versera peu à peu la potion à administrer. Le liquide coule entre les interstices des dents et le plus généralement le chien l'avale sans qu'il soit besoin d'autre intervention. S'il en était autrement on boucherait les narines pendant quelques instants et instinctivement la déglutition s'opérerait.

ERRATA

Page 58, 4ᵉ ligne, modifier ainsi la fin de la phrase : qu'aucune tache blanche ne dépare l'uniformité de la robe ; mais le pelage peut être franchement pie.

Page 59, 6ᵉ ligne, au lieu de Bouleogue

Lire Bouledogue.

Page 79, 7ᵉ et 17ᵉ ligne, au lieu de Greyhouna et Greyhouud, lire Greyhound.

Même page, 8ᵉ ligne, au lieu de : D'une superbe. Lire : D'une suprême.

Page 89, colonne intitulée : Moyenne taille, 6ᵉ ligne, au lieu de : Calories 56,6

Lire : Calories 53,3.

ERRATA (Suite)

Page 90, 22ᵉ ligne. La phrase doit être ainsi modifiée : La viande (de cheval, de bœuf, etc.) peut être donnée crue ; mais les abats, particulièrement le foie et la cervelle, devront toujours être bien cuits.

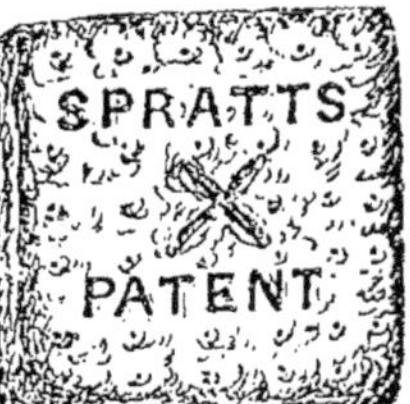

DEMANDEZ ET EXIGEZ

Que l'on vous donne les

BISCUITS

POUR CHIENS

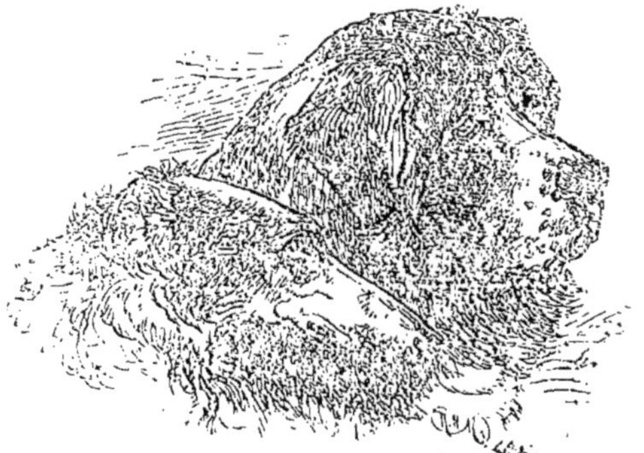

(Elégance et Majesté)

DE SPRATTS

PATENT

La MEILLEURE NOURRITURE pour les CHIENS

Spratts patent ldt, Bermondsey
LONDRES S. E.

VERS, TÉNIAS
DES CHIENS

Vermifuge RICHARD

PATE VERMIFUGE

PRÉPARÉE PAR

L. RICHARD

Ce vermifuge, très actif sous un petit volume, est pris sans aucun dégoût par les chiens, et, il les débarrasse, sans coliques, en 1 h., 2 h. au plus, des vers ronds (ascarides) et plats (ténias) qu'ils peuvent héberger. Le mode d'emploi accompagne chaque dose.

La dose, largement suffisante pour 2 chiens adultes de très forte taille : 2 fr. 25 (franco).

L. RICHARD

PARIS — 129, Rue du Ranelagh, 129 — PARIS

ADRESSES UTILES

Affiches pour chiens perdus et tous travaux d'imprimerie ; tirages de luxe, en couleurs, etc.

J. MALIVERNEY, 18, rue de Passy.

Appareils instantanés pour photographier les animaux en mouvement.

Détective Geo. RICHARD, 129, rue du Ranelagh.

Armes anglaises, revolvers et articles de chasse.

A. GUINARD, 8, avenue de l'Opéra

Articles de chasse, colliers, laisses et paletots pour chiens.

A SAINT-HUBERT, 11, rue de Rome.

Biscuits pour chiens.

BISCUITS DE SPRATTS. Londres, et Paris, 14, rue des Mathurins.

Charbons et combustibles divers.

F. SÉE, rue 6, de Colmar.

Hygiène générale, assainissement des chenils.

CRÉSYL-JEYES, 35, rue des Francs-Bourgeois.

Marchand de chiens de luxe.

WILLIS, 3, rue Yvon-Villarceau (rue Boissière).

Niches à chiens, articles d'écurie.

MAISON DE TRAVAIL, 33, rue Félicien-David.

Tondeur de chiens.

JACQUES, 9, rue Lauriston.

Vétérinaire spécialiste pour chiens.

L. RICHARD, 129, rue du Ranelagh, (de 1 h. à 2 h.)
Visites à domicile : Paris, Neuilly, Boulogne, Saint-Cloud (Bas).

Vins Mousseux.

THAUREAU-BLONDEAU, Restigné (Indre-et-Loire).

Geo. RICHARD

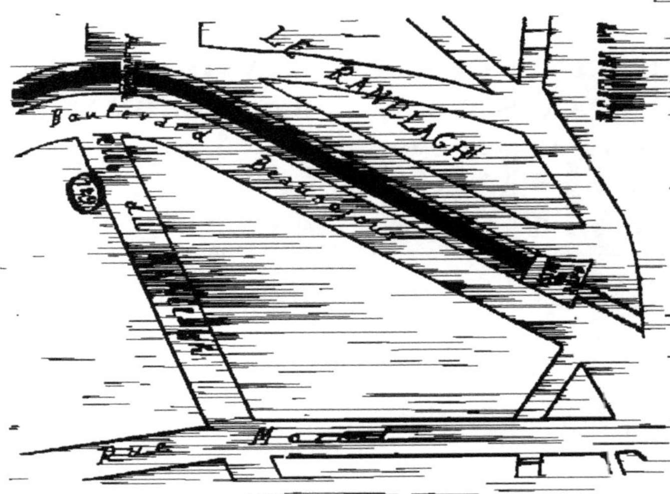

AVIS IMPORTANT

Pour éviter toute confusion avec les empiriques et [illegible] installés à proximité de son cabinet de consultation [illegible] M. RICHARD [illegible] vient de rappeler que se rencontrant exclusivement [illegible] qu'ils mêmes, il ne [illegible] aucun [illegible].